JN243954

君は いのち動的平衡館を見たか

DYNAMIC EQUILIBRIUM OF LIFE

利他の生命哲学

福岡伸一
Shin-Ichi Fukuoka

朝日出版社

いのち動的平衡館
DYNAMIC EQUILIBRIUM OF LIFE

はじめに　いのちはなぜ輝くのか

２０２０年７月、コロナ禍が世界を席巻する最中、私は、２０２５年大阪・関西万博（ＥＸＰＯ２０２５）のテーマ事業プロデューサーのひとりに任命された。２０２５年に、大阪・夢洲《ゆめしま》地区に招致される日本国際博覧会のテーマ館（シグネチャーパビリオン）のひとつを企画・立案・建設するという大役である。

大阪・関西万博のテーマは「いのち輝く未来社会のデザイン」である。「いのち」の今日的意味を、生物学者の立場からぜひ一緒に考えてほしいとの要請をいただき、お引き受けすることにした。私の課題は「いのちを知る」である。他に「いのちを育む」「いのちを守る」「いのちをつむぐ」「いのちを拡げる」「いのちを高める」「いのちを磨く」「いのちを響き合わせる」という計８つのテーマ事業が企画されており、それぞれ、アニメーション監督・メカニックデザイナーの河森正治氏、映画監督の河瀬直美氏、放送作家・脚本家の小山薫堂氏、大阪大学教授・ＡＴＲ石黒浩特別研究所客員所長の石黒浩氏、音楽家・数学研究者・ＳＴＥＡＭ教育家の中島さち子氏、メディアアーティストの落合陽一氏、慶應義塾大学教授の宮田裕章氏が担当する。

「いのち」を巡るこの８つのテーマが互いにどのように関連しているのか。それは大阪・関西万博の企画立案を担当したシニアアドバイザーのひとり、国立民族学博物館館長・吉田憲司氏が監修した宣言に高らかに謳われている。

私たちのいのちは、この世界の宇宙・海洋・大地という器に支えられ、互いに繋がりあって成り立っている。その中で人類は、環境に応じて多様な文化を築き上げることにより、地球上のいたるところに生活の場を拡大した。その一方で、人類は、利己を優先するあまり、時として、自然環境をかく乱し、さらには同じ人類の他の集団の犠牲の上に、不均衡な社会を作り上げてきてしまったのも事実である。そして今、生命科学やデジタル技術の急速な発達にともない、いのちへの向き合い方や社会のかたちそのものが大きく変わりつつある。

いのちそのものを改編するまでの高度な科学を築き上げた私たちには、人類が生態系全体の一部であることを真摯に受けとめるとともに、自らが生み出した科学技術を用いて未来を切り開く責務があることを自覚し、行動することが求められる。自然界に存在するさまざまないのちの共通性と相違性を認識し、他者への共感を育み、また多様な文化や考えを尊重しあうことによって、ともにこの世界を生きていく。そうすることによって、私たち人類は、地球規模でのさまざまな課題に対して新たな価値観を生み出し、持続可能な未来を構築することができるにちがいない。

このような信念に基づいて開催しようとする２０２５年大阪・関西万博は、２０２０年以来、新型コロナウイルス感染症の地球規模での拡大という未曾有の局面に立ち会うことになった人類にとって、このような局面だからこそ見えてくる人類の可能性を確認しあい、新たないのちのありようや社会のかたちを検証し提案する、２度とない機会を提供する場となった。

２０２５年日本国際博覧会協会は、一人ひとりが互いの多様性を認め、「いのち輝く未来社会のデザイン」を実現するため、以下の８つのテーマ事業を設定することとした。
「いのちを知る」「いのちを育む」「いのちを守る」「いのちをつむぐ」
「いのちを拡げる」「いのちを高める」「いのちを磨く」「いのちを響き合わせる」

これらのテーマ事業から得られる体験は、人びとにいのちを考えるきっかけを与え、創造的な行動を促すものとなるに違いない。他者のため、地球のために、一人ひとりが少しの努力をすることをはじめる。その重なり合い、響きあいが、人を笑顔にし、ともに「いのち輝く未来社会をデザインすること」につながっていく。

世界の人びとと、「いのちの賛歌」を歌い上げ、大阪・関西万博を「いのち輝く未来をデザインする」場としたい。

これは、いのちを起点に、世界の人びとと未来を共創する挑戦にほかならない。

私の担当するテーマ「いのちを知る」は、この〝祝詞〟の第一に置かれていることからも明らかなように、これがもっとも基本的な問いかけである。「いのち」とは一体何なのか、「いのち」はなぜ輝くのか。そのためにこそ、そもそも論として「いのちを知る」必要がある。私の責任は重大だ。

目次　君はいのち動的平衡館を見たか　利他の生命哲学

Part4 いのちの対話　168

Part1 いのちを知る

「いのち動的平衡館」をつくる

福岡伸一

「いのち輝く未来社会のデザイン」が決まるまで

2025年日本国際博覧会（以下、大阪・関西万博）のテーマ「いのち輝く未来社会のデザイン」は、私たちがテーマ事業プロデューサーに選任されたときにはすでに決定されていた。決定の経緯についても、私はあとから把握することになった。それは次のようないきさつを経て進んだことだった。大阪・関西万博の誘致は、2013年、当時の大阪市長・橋下徹氏、大阪府知事・松井一郎氏、そして大阪府・市の特別顧問を務めていた堺屋太一氏の3人が、大阪・北浜の寿司店で交わした会話に始まったという。この年は、2020年の東京オリンピックの招致が決まった年だった。堺屋氏は2人にこう持ちかけた。

「大阪を成長させていくためには、世界的にインパクトのあるイベントが必要だ」（中略）
「橋下さん、松井さん、もう一回、万博やろうよ」
「東京が2度目のオリンピックなら、大阪は2度目の万博だ」という思いがあったのだと思う。堺屋さんといえば、1970年の大阪万博を大成功に導いた立役者である。ここから2度目の大阪万博開催を模索する動きが始まった。

（松井一郎『政治家の喧嘩力』PHP研究所）

これを機に、松井・橋下氏を中心とする大阪維新の会は、万博の誘致に邁進することになる。彼らが考えていた万博誘致の目的はただひとつ。地元・大阪の成長である。統合型リゾート（IR）施設の誘致と並んで、大阪を復興する切り札として、さらなるインバウンドを生み出す起爆剤として、万博の誘致が求められたのだ。

2014年8月に、橋下市長が万博の大阪招致に取り組む意向を表明、2015年4月には大阪府が、行政・財界・有識者で構成する「国際博覧会大阪誘致構想検討会」を設置し、開催の意義やテーマについて検討を開始した。そこで「超高齢社会の課題解決」がひとつのテーマ案として浮上してきた。大阪は多くの製薬企業・医療機器メーカーが拠点を置く創薬・医業の中心地であり、大阪大学や京都大学など生命科学の研究拠点も関西にあることが、松井氏の念頭にあったようだ。

2015年には「地球に食料を、生命にエネルギーを」をテーマとするミラノ万博が開催された。松井知事はミラノ万博を視察したあとパリに飛び、万博を統括する博覧会国際事務局（以下、BIE）のヴィセンテ・ゴンザレス・ロセルタレス事務局長と意見交換をした。松井氏は、招致の希望を伝え、「超高齢社会において、いかに豊かに生活ができるか」「心とからだの健康をどのように保つか」が大きなテーマになると考えていると語った。事務局長は、「『健康』は人類の未来にとって重要なテーマ。これまで『健康』をテーマにした国際博覧会はなく、日本はこういうテーマを打ち出せばよい」と、松井氏の提案を好意的に評価した。

好感触を得た松井氏は、この年の暮、安倍晋三総理（当時）と菅義偉官房長官（当時）に、橋下氏とともに会い、超高齢社会の課題解決をテーマとした万博を大阪へ誘致する計画への協力を依頼した。安倍総理は「それは挑戦しがいのある課題だよね」と言って、隣の菅官房長官に「菅ちゃん、ちょっとまとめてよ」と声をかけた。

この一言で大阪万博が動き出した。すぐに菅官房長官は経産省に大阪府に協力するよう指示してくださった。

（前掲書による）

つまりこれ以降、大阪万博誘致は国家プロジェクトとして推進されることになったのだ。これは政界から引退した橋下氏の慰労会を兼ねた忘年会の席でのことだった。先の寿司店での会話でもそうだが、この国の政ごとはすべてこのような密室の会話で決まっていくのだ。

その後、2017年11月の特別国会で、馬場伸幸衆議院議員（後の日本維新の会代表）が、大阪万博誘致に関する「総理の決意」を質《ただ》した。これに対して安倍氏は「内閣を挙げて誘致に取り組むとともに、経済界や地元自治体からなる2025日本万国博覧会誘致委員会と一体的に連携し、オール・ジャパンの体制のもと、何としても誘致を成功させるという決意で、全力で取り組んでまいります（拍手）」と応じた。これまた大阪維新の会と安倍政権の蜜月を背景とした台本どおりの進行だった。

大阪府で検討されていた万博の基本構想素案では、松井知事の思いを受けて「人類の健康・長寿への挑戦」というテーマが出された。この時点ではまだ「いのち」というキーワードは現れておらず、あくまでも「健康」や「長寿」が標榜されていたのだ。これに対しては「年寄り臭い」「老人しか来ない」などの批判が出た。確かに、20世紀の少年に夢を与えたEXPO'70のテーマ「人類の進歩と調和」に比べると、子どもたちに健康とか長寿と言ってもあまり刺さるものはない。この構想素案は、大阪から経済産業省を中核とした「2025年国際博覧会検討会」に移され、再検討されていく。検討会には、ノーベル賞受賞者の山中伸弥京都大学教授やスポーツジャーナリストの増田明美氏らが参画した。経産省は、誘致合戦になった際、高齢化が進む西側の先進国だけでなく、発展途上国を含め、多くの国から支持を得るため、より普遍的なテーマを模索した。

その結果、検討会事務局は4つのテーマ案「いのちを支える社会の創造」「共に輝く生命、輝き続ける地球」「人類の進歩と幸福の再考」「未来社会をどう生きるか」を提示した。

2017年3月、この4つのテーマのワードをつなぎ合わせる形で「いのち輝く未来社会のデザイン」が提示され、了承された。検討会の議事録は残されておらず、最終的に、誰がどのようにまとめたのか、その過程をたどることはできない。松井氏も、自分が主張してきた「健康」の要素は含まれているとして、この経産省案に理解を示したという（共同通信　木村直登氏の47NEWS記事による）。いかにも官僚がまとめ上げたような総花的なテーマ「いのち輝く未来社会のデザイン」。EXPO'70のテーマ「人類の進歩と調和」と比べても、いささかキレが悪く、どのような哲学が込められているのかすっと心に落ちてはこない。お題目を与えられた私たちテーマ事業プロデューサーもまた、このテーマを前に苦闘することになる。いのち輝くとはどういうことを指すのか。なぜいのちは輝くのか。

ただ、経緯はともかくとして、大阪・関西万博のキーワードが「いのち」になったこと自体は、とてもよかったと私は思う。いのちとは何か？これは人類の文化が始まって以来、問われ続けてきた。科学の問いでもあり、芸術の問いでもある。哲学の問いでもあり、文学の問いでもある。いのちの意味を今一度、洋の東西を問わず、捉えなおそうとする機運がこの万博を通して高まることは、EXPO'70が果たせなかった人類の〝調和〟に何が必要なのかを考えることになる。そして現代社会が抱える分断や非寛容の問題を解きほぐす鍵になる。いのちの意味を考えることは、生命の調和の基盤を考えることになるからだ。

私たち8人のテーマ事業プロデューサーは、「いのち輝く未来社会のデザイン」というテーマを――たとえそれがお仕着せのものだったとはいえ――それぞれが持ち帰り、その意味と哲学を深化させる責務があるのだ。

大阪・関西万博開催が決定

二度目の大阪万博招致計画はその後も着々と進められた。2017年4月には日本政府が正式に立候補を表明、9月にはBIEに申請文書を提出した。松井知事や吉村洋文大阪市長（当時）が次々とパリのBIE総会に出かけ、大阪と関西の魅力をアピールした。すでに2020年の万博は、アラブ首長国連邦のドバイで開催されることが決定されていた。テーマは、「Connecting Minds, Creating the Future（心をつなぎ、未来を創る）」である。2025年の万博開催には、大阪の他、アゼルバイジャンのバクー、ロシアのエカテリンブルク、そしてパリが立候補していた。いずれも強力なライバルである。特にパリは、BIEのお膝元であり、何度も万博を開催した実績があるので最大の強敵と目された。ところが後に、パリは、2024年のオリンピック開催が決まったことにより、国際イベントを連続して独占することを避ける意図からか、万博の立候補を取り下げた。これは大阪にとってはチャンスとなったが、なおアゼルバイジャンとロシアという壁が立ちはだかっていた。ロシアのエカテリンブルクは、2020年の万博にも立候補していて、ドバイに敗れていたのでそのリベンジに燃えていた。アゼルバイジャンはイスラム教国で中東諸国に支持を広げていた。運命の日は、2018年11月23日。この日、パリのBIE総会で、2025年の万博の開催都市を決める投票が行われることになっていた。投票総数はBIE加盟国の170票。このうち3分の2以上の票を得た都市が開催地となる。3分の2に達する都市がない場合、上位2都市の決選投票が行われ、過半数を得た都市が開催権を獲得する。

第一回の投票結果が開示された。日本85票、ロシア48票、アゼルバイジャン23票。

日本は半数の票を集めたが、3分の2には届かなかった。アゼルバイジャンが脱落し、日本とロシアのあいだで決選投票となった。関係者は固唾をのんでモニターを見守った。

決選投票の結果が映し出された。日本92票、ロシア61票。

この瞬間、大阪・関西万博の開催が決まった。パリに集まっていた松井知事、吉村市長、世耕弘成経産大臣、誘致委員会会長で経団連名誉会長の榊原定征氏らは飛び上がって快哉を叫んだ。

このあと日本では本格的な準備活動が進められ、私たち8人のテーマ事業プロデューサーが選ばれることになった。

一方、2020年初頭から、世界は新型コロナウイルスのパンデミックに見舞われることになる。この年の10月から翌年2021年の4月までが予定されていた、ドバイ万博は2021年10月から2022年3月までと一年間の延期措置が取られた。同じ年（2022年）の2月には、日本と決選投票を争ったロシアがウクライナに軍事侵攻を開始した。もしロシアが万博の開催権を獲得していたら、一体どうなっていたことだろう。

2023年11月、当時の国際博覧会担当大臣・自見はなこ氏は「現下の状況が変わらなければロシアが大阪・関西万博に参加することは想定されない」との見通しを発表した。その後、ロシアは正式に撤退を表明した。「ホスト国との意思疎通が不十分」というのがその理由だった。この原稿執筆時点（2025年1月）、なおロシア・ウクライナの戦争状態は継続している。

EXPO'70への恩返し

ＥＸＰＯ'70のテーマ事業（テーマ館）は、「太陽の塔」であり、そのプロデューサーはかの岡本太郎だった。今回の大阪・関西万博では、岡本太郎のようなカリスマをひとり立てるのではなく、多様性のある８人が、それぞれの視点で「いのち」の問題に切り込む方式が選ばれたのだ。

岡本太郎のようなカリスマがひとり矢面に立てば、万博の意義も意味ももう少し明確なメッセージとして発信することができたかもしれない。しかし今回のテーマ事業は、８人の集団体制によって進められることになった。私たち８人のプロデューサーは定期的に集まって、お互いに議論を交わす「プロデューサー会議」を何度も持った。そして、なんとか８つの「いのち」に対する取り組みを糾合したり、共通のスローガンを作ろうとしたりする努力が重ねられた。ただ、私たち８人のプロデューサーは、個性も、フィロソフィーも、方法論もあまりにも違いすぎた。結果的に、８人のプロデューサーは、それぞれ個別にパビリオンを作り、独自のメッセージを発することになった。

これが良いことだったのか、あまり良いことではなかったのか、それは大阪・関西万博に来た人たちが感じ取ることだろうし、あるいは大阪・関西万博が終了し、しばらく時間が経過したあとでないと総括できないかもしれない。

８人のプロデューサーがどのように選ばれたのか。その選出過程は、当のプロデューサー自身にも正確には知らされていない。おそらく経産省が主体となって作られた準備委員会の中で、ユニークな若手中心の人選が進められ、ジェンダーバランスなども考慮しながら行われたのだろう。私の記憶では、

２０２０年の初頭、準備委員のひとりから、当時ニューヨークに滞在していた私のもとに電話があり、万博プロデューサー候補のひとりに挙げられているのだが、受諾していただけるかどうかとの打診を受けた。これが最初だった。その時点ではまさに青天の霹靂であり、万博のプロデューサーとは何か、どんな仕事をすることになるのか、いかなる体制で臨むのか、全く分かっていなかったし、心の準備もできていなかった。とりあえずは、しばらく考えさせてほしいということでその場を収め、その後、情報を収集したり、話を聞いたりしながら、何度か電話会議をして、少しずつ提案の概要を理解していった。当初は、プロデューサー2人が共同して、ひとつのパビリオンを作ってほしい、というようなプラン上の混乱もあった。徐々にそのような混乱が整理され、私が自分の思うように進めてもよいということが理解できるようになったので、２０２０年夏、正式にこの話を受諾することにした。プロデューサーなどという旗振り役が自分の性格に向いていないことは重々承知していた。が、元「20世紀少年」として、万博というイベントが放つ吸引力に逆らうことはできなかった、それが正直なところだ。そして、この時点でもなお、テーマ事業プロデューサーがとんでもなく大変な仕事であることを、私は全く理解できていなかった。

プロデューサーとは、チームリーダーということであり、旗振り役ということだ。本来、私はこういう〝生徒会長〟的な立場に全然向いていない。私が、研究や執筆を自分のなりわいにしているのは、自分の性格が内向的で、パーソナル志向だからである。それは人間の友だちがおらず、虫が友だちだった昆虫少年の頃から変わっていない。リーダーシップをとったり、みんなを鼓舞したり、人間関係を調整したり、そのような社会性、社交性に欠けていると感じてきた。それともうひとつ。私は、文章を執筆し、発信する者としてできるだけ中立であろうと心がけてきた。それは政治的な中立であり、イデオロギー的な中立である。何かの負託を受けたポジショントークをしたくないと思った。だからこれまで極力、発起人、賛同人、応援人、署名人などになることを避けてきたし、政府や自治体の委員や役員になることも辞退してきた。それが書き手としての自由を守る方法だと信じてきたからだ。なのに今回、万博という国家プロジェクトのプロデューサーになってしまった。ある人からこんな辛辣なことを言われた。「福岡さんは、万博に関わった時点でもう中立ではありませんよ。権力側の人です」。そのとおりかもしれない。ここにはやはりこの仕事が〝万博〟であったから、という事実が大きく作用している。私たちの世代は、良い意味でも、悪い意味でも「20世紀少年」だった。

私たちの世代——昭和30年代生まれ——は、１９７０年、大阪の地で開催されたＥＸＰＯ'70に大きな影響を受けた世代である。新幹線が開通し、東京オリンピックがあり、高速道路が走り、東京は目覚ましい勢いで変貌していた。同時に、１９６０年代は騒乱の時代でもあった。安保闘争や東大紛争が起こり、御茶ノ水や駿河台の学生街には、トロ字の立て看板が並んでいた。東京の空には、いつもヘリコプターが飛び回って騒然としていた。10歳の少年にとっては、自分より少し上の世代が、何にそれほど怒っているのかよく理解できなかった。そんな中、１９７０年代を迎え、万博が開幕した。新しい時代がきた気がした。未来が具現化されたＥＸＰＯ'70に限りなく明るい希望を感じた。

私は東京から出かけていき、春と夏、２回行った。最寄りの駅からバスに詰め込まれ、千里丘陵の竹林を抜けていくと、向こうの方に、スタイリッシュなパビリオンや尖塔、ドームなどのスカイラインがまるで蜃気楼のように浮かび上がってきた。私の興奮は極点に達した。

ＥＸＰＯ'70の一番人気は、アメリカ館だった。それは東京ドームを先取りしたような、白い空気膜構造で覆われた楕円形の巨大な建造物だった。ガラス繊維とワイヤーで屋根を支え、内部の空気圧を高めて膨張させていた。たとえ大量の降雪があっても支えられるとされていた。当時の宇宙工学の粋を結集して設計されたものだった。そして内部の目玉展示は、その前年、アポロ宇宙船が月面着陸に成功し持ち帰ってきた「月の石」だった。それは褐色の溶岩のような鉱物で、支持台のガラスケースの中に燦然と輝いていた。人類が地球以外の天体から持ち帰った初めてのサンプル。私の夢は宇宙の彼方に広がっていった。

それに対抗して、螺旋構造が屹立するようなソ連館ではソユーズ宇宙船が展示されていた。サッカーボール構造のみどり館、手塚治虫が監修したフジパンロボット館、光の樹木のようなスイス館（以前、隈研吾氏と話したら、彼もこの造形に感銘を受けたと言っていた）、日本の建築美を結集した松下館。動く歩道。携帯電話。電気自動車。人間洗濯機。リニアモーターカー。グラフィックデザイナーたちが手掛けたかっこいいポスター。ミニスカートのユニフォームに身を包んだ華やかなコンパニオン。

広大な会場は、ものすごい人出で、どのパビリオンも長蛇の列。外国人客もたくさんいた。そこは一種の異世界であった。一回行っただけでは到底見たいものが見きれなかった。今、思い出しても、それぞれの特徴あるパビリオンの造形はくっきり記憶に残っている。

私は、ＥＸＰＯ'70の入場券、併設されていた遊園地のジェットコースターのチケット、カタログ類、パンフレット、記念切手、記念コインなどを蒐集《しゅうしゅう》し、大切に保管した（それは今でも残っている）。入場券はお札ほどの大きさの紙片で、今、見てもかっこいい。右方に付された五弁の桜の花びらを象った模様はＥＸＰＯ'70のシンボルマーク。日本を代表するグラフィックデザイナーだった大高猛によるデザイン（日本館の建物も、このデザインどおりに配置されていた）。入場券の真ん中にあるのは、細い曲線が、雪の結晶のように波紋を描いて広がる不思議な幾何学模様だった。見ていると吸い込まれそうになる。顕微鏡で細胞を覗いたとき、ミクロな小宇宙に引きずり込まれるようなあの感覚。これまた有名なデザイナー杉浦康平氏によるものだった。あらゆる細部に、当時の日本のトップランナーが携わっていたのだ（ちなみに入場料金は、大人８００円、子ども４００円となっていた）。

この高揚感、祝祭感は、今でも強烈ななつかしさを伴って蘇ってくる。あのとき夢見た未来が、なつかしい心象風景として記憶の中に輝いている。後年、映画『クレヨンしんちゃん 嵐を呼ぶ モーレツ！ オトナ帝国の逆襲』が製作された。映画の公開は21世紀の始まりの２００１年。劇中、「20世紀博」という万博が再現される。しんちゃんの両親をはじめ大人たちはみな、そのなつかしさから子どもたちを放棄して「20世紀博」の会場に吸い込まれていってしまう……というストーリー。私たち昭和世代が、ＥＸＰＯ'70に対して抱いている、この〝なつかしい未来〟への憧憬を見事に描きだしている。

今、たどり直してみると、ＥＸＰＯ'70にも反対運動があったし、１９７０年代は、連合赤軍のあさま山荘事件や丸の内の企業爆破、よど号ハイジャック事件など、１９６０年代の殺伐とした騒乱がまだ燃え残っていた時期だったのだが、私たち少年にとっては、万博は、未来は少なくとも今よりは明るく希望に満ちたものだという期待感を抱かせるイベントだったし、その後の人生の進路を導いてくれるものでもあった。

だからこそ、今回、大阪・関西万博プロデューサーの打診があったとき、引き受ける気持ちになった。ひとつの恩返しである。私たちが、ＥＸＰＯ'70によって鼓舞されたように、現在の若い人たちに何らかの夢と希望をもたらすことができれば。そう考えたのだ。

「いのちを知る」ために

「いのちを知る」をテーマとしたパビリオンをつくる。それが課題として与えられたとき、おのずと私の中に浮かび上がってきたキーワードがある。「動的平衡」だ。いのちとは何か？　そう問われたら、それは動的平衡と答える。これは私の研究者人生を通じて、ずっと考え続けてきた問題であり、そのゴールとして動的平衡という概念がある。

生命とは何か？　この問いに対して、細胞からなるもの、ＤＮＡを持つもの、呼吸しているもの、代謝しているもの、増殖するもの……というふうな形で答えを得ようとすると、いつまで経っても生命のまわりを回るだけで、生命の本質に到達することができない。なぜなら、それは生命の特性を、生命の外部から列記しているだけだからだ。生命の本質に到達するためには、生命の外部からではなく、生命の内部から生命のあり方を捉える必要がある。そう考えて思考を深めていった結果、行き着いたのが動的平衡という概念だ。絶えず動きながら、流れながら、バランス（平衡）を取り続けること。

かつてフランスの哲学者アンリ・ベルクソンも、生命の本質を理解しようとして、その内部から生命を記述することを試みた。その結果、彼が得た答えは「生命には、物質のくだる坂をのぼろうとする努力がある」というものだった。生命の本質は〝努力〟である。細胞があるのも、DNAがあるのも、呼吸しているのも、代謝しているのも、増殖することも、無生物的な物質であれば、そのまま転がり落ちてしまう坂を、生命だけがのぼり返そうとする〝努力〟だと見抜いたのである。

では、坂をのぼろうとする努力とは一体何か。100年以上も前に生きたベルクソンには、まだ十分な言葉の解像度がなかったのは仕方がない。しかし彼の哲学は生命の本質をついていた。彼の言葉を現代的な科学用語で言い直せば次のようになる。「生命は、エントロピー（乱雑さ）増大の法則にあらがっている」

物質（非生命体）は、宇宙の大原則であるエントロピー増大の法則に身を任さざるを得ない。秩序あるものは無秩序になる方向にしか変化しない。形あるものは崩れ、濃度が高いものは拡散し、高温のものは冷え、金属はさびる。建造物も長い年月のうちに傷み壊れゆくし、整理整頓しておいた机や部屋も散らかっていく。これらはすべて、エントロピーが増大する方向にしか物事は変化しないという法則の必然的な帰結である。エントロピーの増大する方向が、確率的・熱力学的に起こるべき方向だからだ。これが物質のくだる〝坂〟である。

ところが生命だけは、この法則にあらがっている。なんとか〝坂〟をのぼり返そうとしている。無秩序になることに抵抗して秩序を作り出し、形のないところに形を作ろうとし、部分的に濃度の高い場所を生み出し、熱を生産する。酸化に抵抗して還元を行う。つまり、宇宙の大原則であるエントロピー増大の法則に抵抗を試みている。崩れることが分かっているのに石を積むことを諦めないギリシャ神話の英雄シーシュポスのように、あてどのない営みにあえて挑戦している。これが生命の〝努力〟なのである。

では、一体、生命はどのようにして、宇宙の大原則にあらがうことができるのだろうか。私は考察を進めた。このとき頭の中に浮かんできたことは近年の生命科学の大きな進展だった。20世紀、ミクロなレベルで生命を分析する分子生物学は画期的な進歩を遂げた。DNA二重らせん構造の発見、その複製機構や転写翻訳機構の解明。つまり、生命科学は、いかにして生命が作られているかを詳細に究明し、大いなる成果を挙げた。ところが、21世紀になると、生命の持つ別の側面がクローズアップされてきた。それは、生命が、作ること以上に、壊すことを、一生懸命に、何通りもの方法で、休みなく行っているという事実だった。細胞内には、プロテアソームやオートファジーと呼ばれる分解システムが発見された。ここでは休みなくタンパク質や細胞内の構造体が壊されている。古くなったから、使えなくなったから壊すのではない。できたてほやほやでも、休みなく、率先して分解を続ける。細胞自身もアポトーシスという自殺プログラムによって躊躇なく自壊し、交換されていっている。作る方法は、DNA－RNA－タンパク質、という一通りの方法だけしかないのに、壊す方法は、何重にも準備され、積極的に破壊が進行している。

私はここに〝努力〟の秘密があると分かった。生命は、エントロピー増大の法則を「先回り」して、あえて自ら積極的に破壊を行っている。そのことでエントロピー増大の法則の進行を一瞬、追い越しているのだ。この局所的な追い越し分を使って、新たな秩序を構築している。つまりエントロピー増大の法則のスキをついて、坂をのぼり返している。秩序はそれが守られるためにまず壊される。システムは、変わらないために変わり続ける。生命のこの営み、分解と合成という相反することを同時に行い、しかも分解を「先回り」して行うこと、これを「動的平衡」と呼ぶことにした。流れの中にあって絶えず動きつつ、あやういバランスを保つこと。動的平衡は、新陳代謝ではない。新陳代謝は、古いものが捨てられ、新しいものが作られるということだが、動的平衡には、新しいものでも積極的に壊すことに意味があるとする概念。こうして生命は、物質がくだる坂を、――引きずり落とされながらも――、何度も何度ものぼり返す。これが生きていることの本質であり、ベルクソンのいうところの〝努力〟なのである。

中世の随想家、鴨長明は、戦乱に荒れ果てた都と出世の夢の叶わないことに絶望し、隠遁生活を選んで『方丈記』を書いた。その冒頭は、有名な次の一節である。


ゆく河の流れは絶えずして、しかも、もとの水にあらず。

淀みに浮かぶうたかたは、かつ消え、かつ結びて、久しくとどまりたるためしなし。

これは彼の当時の世情に対する諦観であるが、これほど見事に動的平衡の生命論を歌い上げた一文もない。生命はまさに流れに浮かぶうたかたである。特に優れているところは、かつ消えかつ結びて、というところ。分解を合成に先んじて詠んでいることである。分解を「先回り」することによって流れにあらがうこと、まさに動的平衡そのものである。しかし、これでは生命の流れをすべて言いきったことにはならない。つまり動的平衡の流れには行く末がある。

私たちのいのちはどこから来て、どこへ行くのか。いのちは、太古から途切れなく続く動的平衡の流れであり、私たちの生命もその流れに連なるものである。そしてそのあとには、必然的に、私たちのいのちはどこへ行くのか、という動的平衡の流れの行く末を示さなければならない。

それは、生命の利他性ということに帰着する。私たちの「いのち」は、栄養素や酸素など微粒子の流れとして他の生命体から手渡された集合体が、一瞬、エントロピー増大の法則にあらがう動的平衡として立ち上がることによって成立する。私のいのちを形作る微粒子は、生きている最中も呼気や排泄物の形で、そして「あらがい」が最後にはエントロピー増大の法則に負けたあと、――つまり死後も――、死骸の有機物として、絶えず環境の中に戻される。生命を形作る生体物質は、タンパク質にせよ、DNAにせよ、あらかじめ分解されることを予定して作られている。そうして分解されたあと、他の生命体によって再利用されることが予定されている。タンパク質を構成するアミノ酸はまた他の生命体に手渡されて新たなタンパク質になり、DNAを構成するヌクレオチドもそうである。栄養素

（有機物）の燃焼産物である二酸化炭素（CO_2）と水も植物によってもう一度有機物に作り替えられる。生命の基本原理は、絶えず他者に何かを手渡し続けること、ストックではなくフローをし続けることによって支えられている。他者のエントロピー排出を、もう一度秩序あるものに作り返すことによって成り立っている。これは生命の利他性、あるいは相補性といってよい互恵的な関係性である。つまり動的平衡は利他性によって支えられている。進化の過程においても、例えば細胞が複雑化したこと――原核細胞が、ミトコンドリアや葉緑体を有した真核細胞にジャンプしたこと――には、生物体相互の共生協力が働いている。多細胞生物の出現、オスとメスの出現もまた分担や相互補完による利他性の現れに基く。進化は決して利己的遺伝子の独擅場ではなく、利他的共生が織りなしたものなのである。

このような生命の様態を明確に示すこと、それが「いのちを知る」ことになる。ここを出発点として、私たちの地球環境に対する意識と行動が変容され、未来社会のデザインが構築される。そしてかつての約束だった人類の真の進歩と調和がもたらされる。そんな願いを込めて、私は自分が作ろうとするパビリオンに「いのち動的平衡館」と名づけた。

岡本太郎の「太陽の塔」

「人類の進歩と調和」を約束するＥＸＰＯ'70。明るい未来を象徴するパビリオンが居並ぶ会場のど真ん中に、異形の建造物が屹立していた。岡本太郎の「太陽の塔」である。近代工学の粋を集めて建造された丹下健三設計の精密なトラス構造の大屋根をぶち破るようにして、未来とは逆行するような、呪術的なパワーを発散する塔だった。大きく両手を広げたように立つこの像の頂点には、無機的な黄金色の円に丸い目がくり抜かれた仮面がつけられていた。目からは夜になるとまばゆいサーチライトが放射された。胴体には波形の赤い文様が施され、お腹の真ん中には苦悶するような顔がついていた。その反対側、背面には火焔に縁取られた黒い顔が施されていた。どこを見ても、進歩と調和はなく、むしろ憤怒や呪いが込められているように見える。

岡本太郎の役職は、今日の私たちと同じ、テーマ事業プロデューサーである。太陽の塔は、テーマ館だ。しかし、太陽の塔のどこにも、ＥＸＰＯ'70のテーマ「人類の進歩と調和」はない。それもそのはず。岡本太郎は、このテーマ自体に強烈なアンチテーゼを突きつけたのだった。人類は進歩も調和もしていないじゃないかと。この意図は、当時、ＥＸＰＯ'70に熱狂した私自身を含め、ほとんどの人にちゃんと理解されることはなかった。私もあとになって岡本太郎のパートナー岡本敏子の発言や太陽の塔の記録を読んで、このことを知った。岡本太郎自身、丹下健三から依頼された万博の仕事を引き受けるべきなのかどうか最初は逡巡したようだ。いろいろな友人・知人にも相談した。そして司馬遼太郎から強く引き受けることを勧められた。テーゼにせよ、アンチテーゼにせよ、発信しなければ意味がない。ＥＸＰＯ'70ほど、メッセージを発信するのにふさわしい場所もない。最終的に彼はそう考えたはずである。丹下健三も、自分の建造物がうちやぶられるとは思っていなかっただろう。そうして奇しくも、ＥＸＰＯ'70の記憶は、この太陽の塔が存立することで今も語り継がれることになる。

ＥＸＰＯ'70が開催された千里丘陵のサイトは、現在、静けさが支配する深い森になっている。未来的なフォルムを競ったパビリオン群は取り壊され、アメリカ館もソ連館も痕跡すらない。森を抜ける遊歩道の脇に、そこに何があったのかを示す小さな記念石板を残すのみだ。半世紀余り前、突如出現した人工的な未来都市はあとかたもなく消滅し、この場所がかつてそうだったはずの豊かな自然が戻っている。跡地計画として、官公庁の移設や研究学術都市のようなプランもあったそうだ。大規模マンションや商業施設、あるいは住宅展示場のような施設ではなく、緑と水に溢れた森林公園としたのはなかなかの英断である。森の梢（樹冠）を渡る木製の空中回廊が作られていて、展望塔から万博公園全体を眺めることができる。幾重にも木々が連なった緑の大きさに圧倒される。地面は複雑な起伏を示している。フラットだったはずの万博会場が、このような凹凸を持っているのには理由がある。建造物のがれきが地下に埋設され、木々はそこに盛られた土の上にあるからだ。森もまた人工的に作られたのだ。遊歩道をたどって森の中に入っていくと蝶やトンボが飛び交う。夏は蝉しぐれに包まれる。小川には糸のような小魚や巻貝がいる。森は今ではオオタカが営巣するまでに繁茂している。東側は平地が広がっている。その真ん中に万博の記憶を継ぐ巨大なモニュメントがそびえ立っている。それが太陽の塔である。当時、この塔はお祭り広場を覆う大屋根を突き抜けていた。今では大屋根も広場の床面も大階段も撤去され、芝生の中に太陽の塔だけがひとりすっくとその奇怪な姿を、文字どおり、明るすぎる陽光にさらして屹立している。裸になった太陽の塔は、広げた両腕、背中から頭部に至る曲線、不思議に歪んだ顔、いずれもが当時のままここにある。太陽の塔自体、たびたび撤去の計画が持ち上がった。しかし幾度もの破壊の危機を乗り越えて、恒久保存が決まった。

縄文の思考

ならば、私たち現代の万博のプロデューサーも、大なり小なりとはいえ、岡本太郎の叫びを受け継いで、テーゼもしくはアンチテーゼをきちんと発する責務がある。

そのためには、岡本太郎の思いをたどり直す必要があるだろう。太陽の塔は何を象徴していたか。それは、岡本太郎が当時夢中になっていた縄文的な生命のパワーである。火焔型土器や奇怪な土偶に宿っている、ほとばしるような生のちから。

岡本太郎が縄文の美を発見したのは、１９５０年代のことである。１９３０年代、フランスに留学した太郎は絵画の修練を積むとともに、民俗学や文化人類学に触れた。戦後、彼はたまたま訪れた東京国立博物館で縄文土器と対面し、その造形に驚愕した。

栃木県寺野東にある縄文遺跡からは、直径１６５メートル、高さ2メートルの巨大な環状盛土が発見された。何らかのモニュメントと考えられている構造体だが、その目的は不明だ。内部を調べると、バームクーヘンのように、何層にも重ねて土が盛りつけられている。しかも、各層からは異なる時代区分の土器が出土しているのだ。こうしたことから推定すると、この構造物を建造するにはおよそ１０００年が費やされていることが判明する。青森県三内丸山遺跡の盛土構造物の方はさらに長期で、ざっと１５００年もの継続工事だったことが分かっている。縄文人たちは何世代にもわたって、絶え間なく手を加え、常に作ることを続けていた。つまり、どんなものがいつできるのかということよりも、バトンタッチを繰り返しながら、それぞれの人々が、今、作っていることに参画しているという事実の方に重きをおいていたのである。まさに流れの中にあるいのちを絶えず、手渡し続けていた。

歴史学者の小林達雄氏は、「記念物を完成させることに目的があったのではなく、未完成を続けるところに意味があったとみなくてはならぬ。むしろ完成を回避して、未完成を先送りし続けることに縄文哲学の真意があったのである。」（『縄文の思考』筑摩書房）と述べている。

締め切り、完成、納品……現代の私たちは、いつもそんなものに縛られ、あくせくしている。そんな私たちからすれば、完成しないことにこそ意味がある、そんな文化がかつてこの日本にも存在していた。驚かされるしかない。

このような哲学、すなわち今を生きる思考は、ともすれば今日の日本人、あるいは近代というものが見失ってしまったのではないか。そんな気がする。締め切りや納期がないと私たちの仕事がはかどらないのも事実だが、締め切りや納期があるゆえに、効率が何よりも優先されることになる。効率とは、仕事や成果を時間で割り算する思考だ。月給や年収を比較する、というのも同じ思考法だ。そこにはいつも一時間あたり、一日あたり、一年あたりの割り算がある。つまり短いタイムスパンでしか、物事を見ることができない思考回路にすっかり支配されてしまっているわけだ。

しかし時間がとうとうと流れていた縄文期には、今を生き、それが過去の人々と連続し、未来の人々にもつながりゆく、という実感さえあれば生は充実していたのかもしれない。完成や成果ではなく、プロセス自体に意味があった。

一方、狩りと採集によって生活の糧を得ていた当時の人々は、現在の私たちほど長時間、労働に身を捧げていたのでもない。縄文人の実労働時間を正確に知ることはできないが、現在における狩猟採集民の文化人類学的調査によれば、一日に2、3時間ほどの労働によって、集団はその日の生活の糧を得ることができた。あとの時間、彼ら彼女らは何をして過ごしていただろう。花を愛でたり、星を眺めたり、歌ったり、風に吹かれたり、あるいは奇妙な形の土器や土偶を作って、楽しく暮らしていたのではないだろうか。

私たちの社会は時代とともに急速な進化と発展を遂げ、幸福で豊かな生活を手中にすることができた、というのは一種の幻想なのかもしれない。縄文への旅を通して、私はそんなことを考えた。そして岡本太郎もまた、縄文土器や土偶から大きなインスピレーションを得た。彼は、縄文人の美を発見した。同時に、自分の内部に、自分が表現すべきものを発見した。それが「日本発見であると同時に自己発見でもあった」(岡本太郎『画文集・挑む』講談社)ということである。縄文土器や土偶が吹き出す生命力。縄文人のいのちに対する畏敬の念、縄文人の生命観を体現している。あるいはそこに彼らの時間感覚、生命の実感が現れている。少なくとも縄文人は現代の人類よりは調和していたはずだ。人間同士が調和していたし、自然とも調和していた。

テクノロジーやイノベーションが人間を幸福に導くのではない。あるいはそれらが人類に進歩や進化をもたらすものでもない。むしろ日本文化の古層に眠っている縄文的なパワー、生命の尊厳と根源につながるほとばしりを取り戻すことこそが、私たちに本来のいのちの輝きをもたらすことになる。太陽の塔はそのことを伝えるための到達点に他ならない。岡本太郎はそう言いたかったに違いない。

「いのち」が輝く起点

以来、50年余り。現在の私たちは、ＥＸＰＯ'70が約束したはずの「人類の進歩と調和」の中にはいない。阪神・淡路大震災と東日本大震災を経験し、未曾有の原発事故に見舞われた。毎年のように台風被害や土砂災害、洪水を経験し、来たるべき南海トラフ大地震におびえている。一方で、東京圏を中心に、タワーマンションが林立する。このアンバランスはなんだろうか。繰り返す災害に苛まれ、経済は停滞し、少子高齢化が進み、世界は分断され続けている。その上、突然の新型コロナウイルスのパンデミックに見舞われ、ウクライナと中東では新たな戦争まで始まってしまった。このような状況の中で、岡本太郎の叫びをもう一度受け止めて、「いのちを知る」とは、一体どのようなことを考えればよいのだろうか。いのちは輝くものである。特に、私たち人間にとって個体の生命は唯一無二の価値があり、しばしばそれは、地球よりも重い、と表現される。殺人は最大限の重罪となる。しかし、ひるがえって今、世界を眺めわたしてみると、生命の尊重は必ずしも自明の原理とは言えない様相にある。だからなおさら、いのちは輝くものであることの意味を考えなければならない。

人間以外の生物にとっては、個体のいのちよりも、種の保存の方が優先される。魚も鳥も昆虫も、植物でも微生物でも、次の世代を生み出すこと、つまり種の保存が、生物にとっての至上命令になる。この目的のもとでは、個体のツールでしかない。端的に言えば、個々の生物は、生殖のための道具となる。何千個、何万個もの卵が産み落とされるが、そこから生まれた幼生や幼虫の大半は、他の生物に食われたり、海の藻屑となったりして消えてしまう。ほんのわずかな個体がなんとか生き延びて、パートナーを見つけ、次世代を作ることに成功する。こんな奇跡的なことを繰り返して、生命はなんとか種を保存してきた。ところが、私たち人間は違う。一人ひとりの人間、つまり自己の生命に最大限の価値を置く。同時に他者の生命も最大限に尊重する。人間以外の生物であれば、種の保存に寄与しない個体、生産性のない個体に意味はないことになってしまうが、人間は決してそうは考えない。人間は、種（つまりホモ・サピエンス）の保存よりも、まず第一に、個の生命を尊重する。そのことに価値を見出した初めての生物なのだ。個体は必ずしも、種の保存のために貢献しなくてもよい。生んだり・増やしたりしなくても罪も罰もない。それは個の自由なのだ。そう認識しあうことができた初めての生物、それが人間であり、基本的人権の起源もここにある。ＬＧＢＴＱも、障がい者も、個の生命は等しく尊重される。私たちが自在に将来を選ぶことができるのも、この認識のおかげである。結婚してもいいし、しなくてもいい。子どもを持っても、持たなくてもいい。どんな職業について、どんなふうに生きてもいい。

なぜ、人間だけが、このような認識に到達することができたのか。それは進化の過程で、人間だけが、すばらしいものを発明することができたからだ。言葉である。言葉は、第一にはコミュニケーションの道具である。しかし、それ以上に、人間を、自然の掟から自由にする道具でもあった。言葉は、物事に名前をつけ、概念化する力がある。世界を構造化する強力な作用を持つ。言葉のおかげで、人間は、種の保存という、遺伝子の命令の存在を知った。同時に、その命令を相対化することに成功し、そこから個の生命の自由を勝ち取ることができた。これが「いのち」が輝くことの起点となる。

ゆえに私たちは言葉による認識を大切にしなければならない。一方で、大事なことは、言葉を過信してはいけないということがある。言葉は、私たちを自由にしてくれると同時に、人間存在を縛るものでもある。そして、あらゆる自然をすべて言葉の力で制御することはできない。私たち人間は、地球生態系の一員であると同時に、言葉を持った特殊な生物なのだ。この相克をどう解決して生きるべきなのか。大阪・関西万博で問われている課題も、ここにあると肝に銘じて計画を進めなければならない。そう考えた。

坂本龍一との約束

坂本龍一さんが旅立ったのは、2023年3月のこと。もうはや2年が経とうとしている。が、しかし、いまだに彼の不在をうまく受け入れることができない。この冬も、ニューヨークに滞在していたとき、坂本さんと誘い合ってバーで待ち合わせたい気分にかられた。凍てつく街路からドアを開けて入ってきた坂本さんは、白髪を揺らしながら、いつもまず両手を差し出して「お元気でしたか」としっかり握手をしてくれた。スツールに腰を落ち着かせたあと、ワインを注文する（坂本さんは白が好みだった）。そして、昨今、米国と日本で起きたこと——トランプ大統領の再選やUSスチールの問題など――、を話してみたかった。きっと坂本さんは憤慨しながらも、行き着くところまで行かないと人間は思い知ることがないんだ、というような一言を口にして、ため息をついたことだろう。それを聴くのも今となってはかなわない。そう気づいて悲しくなる。

坂本さんと私は、音楽家と生物学者という全く違う分野で仕事をしてきたにもかかわらず、不思議と馬があった。20年以上前、共通の知人を介してお会いして以来、交流が続いた。坂本さんはニューヨークを拠点にして生活していたし、私もニューヨークと東京の研究拠点を行き来することになったので、しばしば現地で落ち合って話した。あるいは、坂本さんのコンサートツアーを追いかけてオスロに出かけたこともあった。人の噂話やゴシップなどはほとんど話題に上らず、私たちはいつも真面目な話をしていた。時間の実在性とは何か、なぜ素粒子の中にまた素粒子が見つかるのか、音楽の起源はどこにあるのか、そんなことをあてどなく論じあった。

2人が意気投合できたのは同じようなメンタリティを持っていたからだろう。つまりそれぞれ音楽家と生物学者である以上に、哲学者を目指していた、ということだ。坂本さんの言葉を借りると、哲学者とはTHINKER、つまり考える人である、ということ。彼はいつもTHINKERを目指していた。膨大な量の本を読んでいた。井筒俊彦や九鬼周造の名が挙がった。

あるとき、坂本さんがぽつりと言った。「僕たち、なんかフェルメールとレーウェンフックみたいだね」。フェルメールとレーウェンフックは、同時代の17世紀、オランダのデルフトの人。同じ1632年に生まれ、ごく近くに住んでいた。フェルメールが画業に進み、レーウェンフックはレンズに関心を持ち、独自の顕微鏡を作って、ミクロの世界を研究した。2人の直接的な交流を示す史料は何も残されていないが、光の科学に対する興味を共有し、さまざまなことを話し合ったのではないかと推定されている。フェルメールが光の魔術師と呼ばれ、正確すぎるほど正確なパースペクティブ（遠近法）、明暗の描きわけ、光の粒立ちなどが際立つ作品を残せたのは、光の科学に対する正確な知識があったゆえのことであり、それはレーウェンフックとの交流から得られたものかもしれない。事実、フェルメールは画角や画像の配置を決めるのに、カメラ・オブスクラという箱型のレンズ装置（針穴写真機の原型のようなもの）を利用したとされる。それはレーウェンフックからもたらされたものに違いない。17世紀、芸術と科学は極めて近い場所にあり、同じ哲学を共有していた。つまりこの世界をいかにすればより正確に記述しうるのか、という認識の哲学である。世界のサカモトが、フェルメールになぞらえられるのはよいとして、私がレーウェンフックに擬せられるのは全くの力不足だが、坂本さんがそんなふうに私たちの友情を形容してくれたのはうれしかった。

私は大阪・関西万博のプロデューサーになったあと、坂本さんにお願いして、大阪・関西万博で、何かコラボレーションかイベントができないか、と打診してみた。国家イベントのようなおおがかりなプロジェクトに関わるのはあまりお好きではないとは思いつつ、バルセロナ・オリンピックでは音楽を担当されたこともあるので、何らかの形で共同の表現ができないものか、と考えたのだ。それは、坂本さんのテーマである「時間」や「生命」ともつながるはずだ。坂本さんは「いいよ。福岡さんが言うのなら」と快諾してくれた。

ちょうどそのとき、坂本さんは、米国人のデジタル・アーティスト、トッド・エッカート氏とともにあるデジタル・プロジェクトを進めていた。それは坂本さんのピアノ演奏の全身の様子を3次元的にスキャンしてデータ化し、さらにバーチャル空間に再現し、さまざまなグラフィックと合成して、いつでもどこでも坂本さんに会えるようにする、という仮想空間作品の企画だった。そのため2020年の暮、坂本さんは身体のあらゆる場所にその動きをキャプチャーするセンサーを取り付けて、ピアノ演奏をする収録作業に取り組んでいた。そのデータを、大阪・関西万博でも使うことができないか、可能性を模索することにした。

すぐに、坂本さんの仲介で、トッド氏と連絡を取り、大阪・関西万博でのコラボレーションの可能性を提案した。彼も快く了承してくれた。ただ、トッド氏自身もデータの編集作業に取り掛かったばかりであり、これが作品として完成するにはまだまだ時間を要する。どのような形で万博と協力できるか、そもそも大阪・関西万博に間に合うかは確約できない、ということだった。

坂本さんの健康状態も心配だった。2014年、彼は喉にがんが見つかり、ニューヨークで重粒子線治療を受けて復帰した。食べ物や生活習慣にことさら気をつけていたはずの自分が、なぜがんになってしまったのか、どうにも腑に落ちないと口にしていた。その後回復して、ハリウッドの大作『レヴェナント』の映画音楽や、画期的な実験音楽アルバム『async』を作るなど精力的に活躍していた坂本さんだったが、2020年の暮、日本滞在中の検診で再びがんが見つかった。

トッド氏との収録が進んでいたのは、ちょうどその頃のことである。私は、できるだけ坂本さん本人には負担のかからない方法で、万博のイベント計画を模索した。

２０２２年の夏、東京に来ていたトッド氏と六本木のホテルのカフェで会った。デジタル作品の進捗の様子などを聞いた。私も自分の万博のパビリオン計画の概要などを話した。実はちょうどその頃は、展示デザインの計画が袋小路に入り、苦悩していたときだったが、もちろんそのことは話さなかった。トッド氏は快活に、デジタル作品のプランを話してくれた。演目は、日本語をそのまま英語にした「ＫＡＧＡＭＩ」という名前になる。坂本さんは代表曲10曲ほどをピアノ演奏する。その映像のまわりに、曲ごとに異なったバーチャルシーンが展開する。すると、その席に、ふらりと坂本さんがやってきた。予定ではご本人は来ないことになっていたので、驚いた。少し痩せられて、顔色もすぐれなかったが、話しぶりは元気だった。近くに仮の居所を置いて、そこを拠点に通院など治療生活をしているとのことだった。ちょうど気分もよいので顔を出してくれたのだ。

その年の2月に始まったウクライナの戦争のこと、ネットを通じて坂本さんがウクライナの演奏家に曲を提供したこと、あるいは日本文学の話などに花が咲いた。トッド氏は、英語で三島由紀夫の作品を読んだことがあるという。三島の出世作『仮面の告白』を世に出したのが、旧河出書房の坂本一亀。他でもない、坂本龍一さんのご尊父その人である。初めてその事実を知ったトッド氏は顔を赤らめて興奮していた。結果的に、坂本さんと会うのは、これが最後になった。

翌２０２３年、早春に坂本さんが旅立ったあとの6月、私はニューヨークにいた。6月は、ニューヨークの最良の季節だ。街路樹が緑のトンネルを作り、そのあいだを爽やかな風が吹き抜ける。空は青く、陰りのない雲が流れていく。ニューヨーカーたちは忙しそうに歩道を行き来し、カフェの野外テラスには談笑の声が響く。フランク・シナトラも歌っている。♫ I like New York in June, how about you ♫

いよいよトッド氏の「KAGAMI」が公開されることになったのである。場所はニューヨークの新名所ハドソンヤード再開発地区にあるThe Shed（ザ・シェッド）。可動式の天井がついた巨大な催事場だ。建物の上階に設けられた大きなホールが会場。内部は暗くなっていて60ほどの客席が円形に並んでいる。円の内側は何もない空間。天井には多数の音響装置が備えつけられている。席に着くと、係員が、magic leap（マジック・リープ）という特殊ゴーグルを手渡してくれる。これを通して、バーチャルな映像を見るのだ。単なるバーチャルではなく、坂本さんの記録映像とグラフィカルなデザインが混合されるので、これをMixed Reality（MR）と呼ぶ。ゴーグルを装着すると、何もない空間に赤いキューブが見えた。これはゴーグルが正しく空間認識をしていることを示すサインである。

会場がさらに暗くなりコンサートが始まる。キューブが消え、突如、目の前に、ピアノとそれに向かって座る坂本さんが立体的に浮かび上がってきた。全くリアルに見える。本当にこの場の円の中心に、本人がいるかのようだ。坂本さんは両腕を上げ、ピアノを演奏し始めた。音が同期し、これまた本当に目の前で演奏しているように見える。

来場者はゴーグルをつけたまま会場を動き回ることができる（完全な閉鎖型ゴーグルではなく、メガネのように周囲が透けるので他の人の動きが見える）。坂本さんのすぐ近くまで寄ったり、演奏の最中にそのまわりを巡ったりすることもできる。まわりの空間には、曲に応じて、雪片が舞ったり、葉っぱが散ったり、木の枝が広がったりするバーチャルのグラフィックが展開する。これがＭＲ＝複合現実、ということ。次々と名曲を奏でたあと、ピアノと坂本さんはすっと暗闇に消えた。ゴーグルを外すと、そこには何もない空間が広がっているだけ。私を含め、観客はみなこの体験の衝撃をうまく呑み込むことができず、拍手するのも忘れていた。私はトッド氏に駆け寄り両手を握りしめて、お祝いの言葉と映像がすばらしかったことを伝えた。トッド氏は言った。「リュウイチ・サカモトの音楽を永遠に残す、という私たちの約束をこうして果たすことができたよ」

その後、私は、トッド氏と話し合いを続け、東京・ニューヨークの坂本龍一事務所の助けも借りて、大阪・関西万博でのコラボレーションの可能性を探った。しかし、全く残念なことに、結果的にこの計画は幻に終わることになってしまった。

当初私は、坂本さんの音と映像の一部を、いのち動的平衡館の生命の物語に取り込めないかと模索したが、それは極めて難しいことだった。私のパビリオンの展示は、入れ替え制にして一回15分程度。それに対して、トッド氏の「ＫＡＧＡＭＩ」は全体として約一時間の、最初から最後までが一貫したパッケージとしてある。ここから一部を切り出して、他の展示に移植することは、アーティストとしては許しがたいことであり、技術的にも困難である。そして、もしそれが可能だとしても、ＭＲを再現するには、特殊グラスやそれを制御し、データを送り出すコンピュータ装置、音響装置などが必要となる。私のパビリオンには収容しきれない。ならば、「ＫＡＧＡＭＩ」全体を大阪・関西万博に持ってくることはできないか。その可能性も検討したが、これも非現実的だった。大阪・関西万博にはさまざまな催事場があり、会期中、各種各国のイベントやアクティビティに貸し出すことができる。しかしそのスケジュールはすでに過密気味で、いずれも単発のイベントが多い。対して、ニューヨークの「KAGAMI」は、会場ザ・シェッドを一ヶ月借り切って、一日何回も上映することによって初めて成立する催事だ。万博の催事場をひとつのイベントが長期にわたって占有することはできない。かといって一日だけのために、トッド氏の「KAGAMI」公演を招聘するわけにもいかない。

つまり、技術面でも、実務面でも、予算面でも、この計画は無理だった。これはひとえに、トッド作品の全体像に対する私の認識不足があったことに尽きる。申し訳ない気持ちでいっぱいになったが、断念の詫び状を、トッド氏および坂本事務所に送ることになった。坂本さん、本当にごめんなさい。

ちなみに、「KAGAMI」は、ニューヨークを皮切りに世界各都市を巡回、日本でも公開される予定だと聞いている。

自然界に直線はない

テーマ事業プロデューサーを引き受けたはいいものの、さっそく私は自分のリーダーシップのとれなさぶりに自己嫌悪に陥ることになる。万博パビリオンをつくる、という巨大なプロジェクトは、到底ひとりではできない。チームワークが必要となり、そのチームを統率する必要がある。

それまで私は、研究にせよ執筆にせよ、自分のパーソナルな興味を、自分の手先と自分のペースで、ちまちまと掘り下げていくような視野狭窄の中だけで仕事を進めてきた。だから急に国家事業クラスの規模で、組織的に計画を遂行していかねばならない状況にほうりこまれると、そのやり方が全く掴めなかった。もちろんプロデューサーとして、どのような生命哲学を、どんなふうにメッセージ化したいのか、そのグランドデザインは頭の中にあった。動的平衡の生命論を、壮大な生命絵巻にして見せたい、ということである。しかしそれを実現するための段取りが皆目分からなかった。

パビリオンの外形を作るためには、私の思いを具体的に、設計図に落とし込んでくれる設計者が必要だ。これは基本設計と呼ばれるプロセスである。その後、それを実際に建築するためには、資材をどうやって調達し、どんな日程で、どのように組み立てるのか、という実施設計がいる。もちろん実際の建築にあたってはゼネコンとの契約も必要になる。

一方、パビリオンの内部の展示システムを作るためには、デザインチームを編成しなければならない。デザインを展示の仕組みに置き換え、それを組み上げる作業と段取りが不可欠だ。たちまち何十人もの組織の編成が必要となる。どこからどのように着手するのか暗中模索だった。

建築に関して私は幸いだった。テーマ事業ディレクターを務める澤田裕二氏を通して、最適な建築家と出会えたからだ。橋本尚樹氏である。彼は、私の母校でもある京都大学出身の若手建築家。建築学科の学生時代から全国的な賞を取り、フランスの有名な建築家ジャン・ヌーヴェルのもとで修業したり、日本を代表する建築家・内藤廣氏のところで研鑽をつんだりしたあと、自分の設計事務所を立ち上げた。まだ大きな国家的プロジェクトの経験こそなかったが、自治体の公民館やホールのコンペに勝ち、その設計に携わっていた。彼は、丁寧に私の話を聞いてくれた。「いのち動的平衡館」は、〝生命的〟な建築物にしたい。生命的とはどういうことを指すのか。人間が〝設計的〟に考え出す建物は、基本的には方形、つまり3次元的なx、y、zの直線座標軸で囲まれた箱型の建造物となる。ビルやマンション、戸建て住宅でもユニットは直線で囲まれた箱であり、それを積み重ねたものが建築だ。

ところが、自然界には直線はない。生物の身体の造形はすべて曲線で形成される。内臓にも細胞にも直線はない。ハチが作り出す巣ですら幾何学的に見えて、正六角形ではなく、ズレや揺れが含まれている。だから、私のいのち動的平衡館を作るにあたって、まずパビリオンのイメージとして想定したのは、直線ではなく曲線からなる生命的な造形、というものだった。元・昆虫少年だった私の脳裏に浮かんだのは、クスサンという蛾が作り出す網目からなるカゴ状の繭《コクーン》だった。その繭の中に複数階からなるパビリオンが包まれ、繭の先端は、網目の繊維がそのまま上空に立ち上がって〝生命の塔〟を形作るイメージである。次ページに掲げたのは私の初期のスケッチである。

私はこんなことも考えてみた。現在の東京のスカイラインを特徴づけるのは、東京タワーと東京スカイツリーだ。東京タワーは333メートル。東京スカイツリーは634メートル。634メートルという高さは、東京がかつて武蔵国と呼ばれていたことにちなんで、東京スカイツリーの建設主体の東武グループが、6（ム）3（サ）4（シ）という数字を選んだことに基づくとされている。東武グループの宗家、根津財閥が設立した学校が、東京御三家の進学校のひとつ、武蔵学園である。ならばこれに対抗して、大阪は浪速《なにわ》の国なのだから、728メートルの生命の塔を建てればよい。人がのぼったり、エレベーターをつけたりする必要はなく、万博を象徴するモニュメントとしての塔なら、軽くて細い素材でとにかく高さだけを稼げばよいのではないか。こんな夢想をしてみた。

建築家の橋本氏は、こんな私のとんでもない提案も真面目に受け止めて、７２８メートルの細い針のようなタワーを建てるために、必要な基礎は極限までに小さくして、どれくらいの面積と深さが必要なのか、計算してくれた。しかしこのプランは、プロデューサー会議で口走ったとたん瞬殺されてしまった。海上の人工島である夢洲《ゆめしま》の地中に、深い基礎を打ち込むことは非現実的であるとして却下

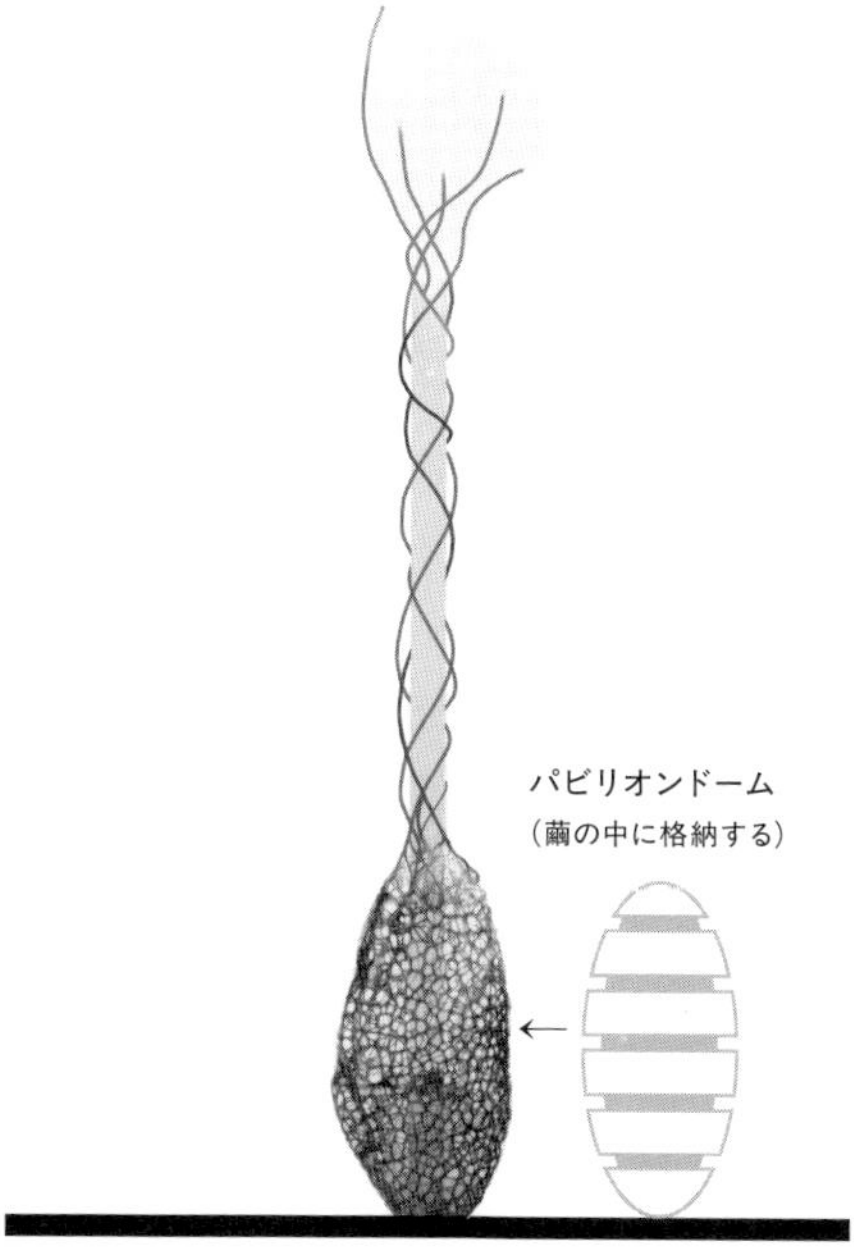

「生命の塔」のアイデアスケッチ　（著者作成）

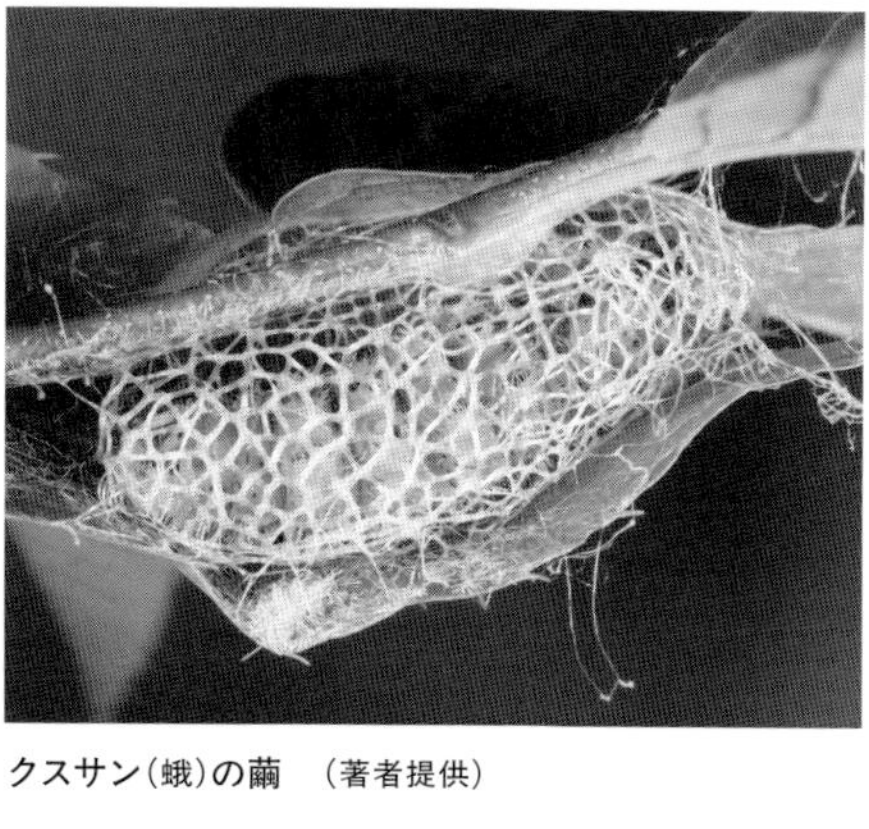
クスサン（蛾）の繭　（著者提供）

された。そしてそもそも高い塔を建てる、という思考自体が古い万博の発想であり（例えばパリのエッフェル塔は、1889年のパリ万博を記念して建造された）、ナンセンスだと指弾された。大阪・関西万博の会場デザインプロデューサーの藤本壮介氏のもと、万博会場では、会場を周回する大屋根リング（12メートル）以上の高さの建築物はつくれないことになった。12メートルといえば、およそ3階建てが限度いっぱいということになる。とはいえ、曲線からなる生命的なパビリオンをつくる、という基本的なアイデアはその後も一貫して尊重されることになる。

力の均衡と動的平衡

私のパビリオンは「いのち動的平衡館」と名づけたとおり、来場者に生命の動的平衡を体感してもらうことが目的である。動的平衡とは、絶えず分解と合成を繰り返すことによってエントロピーの増大にあらがいつつ、自らの秩序を保つ生命のあり方を示す私の生命哲学のキーワードである。

それゆえ建築も展示も、動的平衡を表現することが基本コンセプトになることを目指した。しかしこれが難題だった。動的平衡の特性は、分解と合成のあやういバランスの上にあること、柔軟で可変的であること、受け取りつつ手渡す利他的な流れの中にあることである。一方、建築物に要請されることは、あやうさが排除された安全なものであること、頑丈で剛性があること、風雨や地震といった環境の影響を受けにくいことである。生命と建築は基本的に全く異なるコンセプトの上にある。

建築家の橋本尚樹氏と試行錯誤する日々が続いた。プランが生まれては消えていった。多数の人々が来場する建築をあやういものとして作ることは許されない。しかし異なる力が均衡するバランスの上に建てることならできるかもしれない。力の均衡は、動的平衡のコンセプトにかなう。また、時間軸をやや長めにとり、あらかじめ分解されることを予定したものとして建築を設計し、一時《いっとき》さまざまな資材がここに集まり、やがてまた別の場所に散らばっていく（再利用される）と考えれば、これまた利他的な流れの中にある生命の動的平衡のコンセプトと整合するはずだ。その上で、風雨や地震を防ぎつつ、受け流すような柔構造を持たせれば、これは生命的な建築と呼ぶことができるだろう。

さまざまな実験の結果、橋本氏は、針金を曲げて作ったリングのアイデアに行き着いた。これはちょうどＮＴＴのロゴマーク（ダイナミックループ）のような二重のループ構造をしている。リングの外周を両側から押さえると中央の二重ループの部分が上に立ち上がる。ここに薄い膜を張り、立ち上がったループとそれを結ぶワイヤーの張力を利用して膜面を持ち上げれば、内部には無柱の空間ができる。

これはすばらしいアイデアだった。自律的に立ち上がる柔軟な空間。まさに生命的であり細胞的でもある。あとで知ったことだが、橋本氏は建築学科の学生時代から、消化管のようなリング構造の建築物を実験的にスケッチすることを何度も行っていたという。つまりいのち動的平衡館は、長年にわたる彼の思考実験の延長線上にあらかじめ用意されていたものだった。こうして建築のデザインが作成された。ただ、ここから先が難しかった。直径10センチの針金のリングで二重ループ構造のモデルを作ることはできる。しかし実際には、これを直径30メートルのパビリオンとして実現しなくてはならない。中央の二重ループを立ち上げるため、外周リングに両側からテンションを与えなければならないが、それはどうすればよいか。リングの太さはどの程度にしなければならないか。立ち上がったループ部が落ち込んだり、振動したりしないよう、力を均衡させるワイヤーを張らなければならない。が、それはどの方向にどれくらいの力を与えればよいだろうか……。

これらはすべて構造設計上の難問である。ここで橋本氏のネットワークがものを言った。橋本氏の建築学科時代のクラスメイトに富岡良太氏がいた。彼は、世界中に拠点を持つ一流のエンジニアリング・コンサルティング会社・Ａｒｕｐの構造エンジニアである。構造設計とは、建築物が建築物として重力や風、地震に対して成り立つための力学計算をする仕事である。建築家が、デザイナーとして脚光を浴びるとすると、構造エンジニアはその実現を支える縁の下の力持ちなのである。

すぐに橋本－富岡チームが編成された。構造設計の基本は力の均衡である。空中のある一点を支えるためには地表からまっすぐに柱を立てればよい。しかし、私たちの二重ループ構造の頂点を支えるために、その真下に柱を立てることは建築のコンセプト上できない。そこでこの頂点を支えるために頂点から外周リングに向かってワイヤーを張ることが考えられた。例えば頂点から二方向にワイヤーを張り、そのワイヤーの基部を外周リングに接続した場合、頂点を支えるためには、頂点と外周リングの二点を結んでできる三角形の力のベクトルが均衡する必要がある。こんなことができるだろうか。できるとすれば頂点と外周リングの上に、最適な三角形を見つけ出さなければならない。

富岡氏の頭の中に、ある構造物が浮かび上がった。アイルランドのダブリンにあるサミュエル・ベケット橋だった。『ゴドーを待ちながら』に代表される不条理劇作家として名高いノーベル賞文学者の名前を冠した橋が、建築家サンティアゴ・カラトラバ氏の設計で、2009年、ダブリンの市中を流れるリフィー川に架けられた。この橋は、通常の鉄橋や吊り橋とは全く違う構造で支えられている。古代の首長恐竜のような長く曲がって伸びる支柱にワイヤーが結ばれて、美しい幾何学的模様を作り出している。重要なのは、支柱の頂点とワイヤーが作り出す三角形の力のベクトルが完全な均衡を保っているということだった。富岡氏はどこかでこの橋の写真を見たことがあった。パズルのピースが一挙に結びついた。Chance favors the prepared mind（チャンスは準備された心に降り立つ）.

複雑な構造計算が着実に進められた。まず地中部に楕円形の基礎構造が作られる。この基礎にしっかりと結びついた形で外周リングが取り付けられ、後ろから引いたケーブルによって、テンションが与えられる。そのテンションによってリング中央部のループが立ち上がる。ループを支えるためのワイヤーが適切な位置に張られる。そのワイヤーに連鎖して補助ワイヤーが網目状の構造を作る。そこに膜が載せられることになる。

私は何度も現地に足を運んで、パビリオンが少しずつその姿を現す光景を固唾をのんで見守った。特に、ワイヤーが張られるときは緊張した。力のテンションが完全なバランスを取る必要がある。ワイヤーの各所に取り付けられた計測機器のデータを集合させて微妙な調整がなされた。こちらを締めるとあちらが緩む。あちらを締めるとまた別のところが緩む。ところがある臨界点を超えたとき、全体が一斉に均衡するバランスが生まれた。まさに創発的な、つまり本当の意味で生命的な建物が出現した。このようにして——さまざまな人たちの強い協力によって——いのち動的平衡館がつくり出された。この相互作用もまた動的平衡そのものであった。

大阪・関西万博の「成功」とは何か

大阪湾南港沖に作られた人工島として、南から北に、咲洲《さきしま》、夢洲《ゆめしま》、舞洲《まいしま》がある。「洲」と書いて「しま」と読ませる。もともとはゴミや産業廃棄物の投棄場所として作られたのは、東京湾の「夢の島」と同じである。ゴミ処分場に夢を託すという寓話ともジョークとも思えない趣味は、東京も大阪も同じだったようだ。咲洲はすでに開発がかなり進み、インテックス大阪、アジア太平洋トレードセンター（ＡＴＣ）といった大規模催事場、ホテル、高層マンションなどの建設が進んでいる。大分に向かうフェリー、さんふらわあ号のターミナルもある。ひときわ高くそびえ立つのが52階建ての超高層、大阪府咲洲庁舎ビルである。２０２５年日本国際博覧会協会（万博協会）の事務局も、このビルの高層フロアーにある。ガラス張りのトイレからは大阪湾が見渡せる。その先に、大阪・関西万博の会場となる夢洲が浮かんでいる。

私が夢洲の現場に初めて行ったのは、手元の記録によれば２０２２年7月14日のことだった。咲洲からタクシーを手配して、海底トンネルを抜けて夢洲に出る。夢洲は沿岸部にクレーンが立ち並ぶコンテナターミナルの他には何もない荒れ地だった。砂埃が風に舞う更地に短い雑草が生え、あちこちに水たまりができていた。ここに、ＥＸＰＯ'70と同じような夢の万博パビリオンが立ち並ぶ姿は全く予想できなかった。この場所に巨大な木造の円形建造物が出現する。直径６００メートル、全周２キロほどの大屋根リングである。リングの上は人が歩けるようになっており、来場者はここから会場を見渡すことができる。そして、次はあそこへ行ってみよう、あの面白そうなパビリオンはなんだろう、と思い思いに足を向けられるようになっている。

8つのテーマ館パビリオンが立つ場所は、大屋根リングのど真ん中、万博会場の一等地に割り当てられていた。中央には広場、その周囲をちょうどバームクーヘンを8つに切り分けたような均等の面積で、土地が用意されていた。それぞれの大きさはおよそ40メートル四方、1700平方メートルほどだった。誰がどの場所を取るか、侃々諤々《かんかんがくがく》の争いが起きると思いきや、プロデューサー会議の議論はわりとあっさり終わってしまった。あなたがそこを取るなら私はここ、君がそこを選ぶなら自分はその隣、という具合に、まるで多細胞が相補的にそれぞれ分化するように、ある種の譲り合いのうちに、取り合いや競争などなく、あっさりと配置が決まった。個性が全く違うプロデューサーの寄せ集めである私たちにしては、あまりにあっけない決定だった。私のいのち動的平衡館は、時計でいうと7時の位置、隣の9時の場所は河森館、向かいの5時の場所は落合館となった。決まってしまうと、これはこれで然るべき場所に然るべき館が収まった感じがした。

プロデューサー会議は、2020年8月から開催直前の2025年1月まで、それぞれが多忙を極める中、スケジュール調整に手間取りながらも、都合27回も開催された。が、しかし、8人の意見が集約されることは最後まで一回もなかった。なんとかいのちを巡るそれぞれのテーマを統合して、ひとつの分かりやすいメッセージを打ち出そうという機運も何度もあったのだが、8人のフィロソフィーや表現の方法があまりにも異なりすぎて、結局まとまることがなかった。毎回、それぞれが自分の言い分やコメントを述べるだけで時間が尽きてしまった。テーマ事業のパビリオンをテーマ館ではなく、シグネチャーパビリオンと呼ぼう、というように決まったことくらいがアウトプットだった。

とはいえ8人が互いに反目したり、仲違いをしたりしているわけではなかった。いつも互いに敬意が払われ、尊重しあい、和気あいあいとした友好的な雰囲気があった。思考回路や方法論は異なれど、私たちはみな大阪・関西万博の成功をゴールとして共有していたからである。そして成功とは、来場者数や評判ではなく、ＥＸＰＯ'70が私たちに与えてくれたような夢と希望を、次の世代に届けることができるということも共通の認識になっていたと思う。

建設業者が決まる

建築家の橋本尚樹氏が作った建築プランは基本設計案である。これを実際に建築するためには、施工業者を選定し、基本設計を実施設計に落とし込み、工程、工法、資材の調達、人員の調達などさまざまなプロセスを経ねばならない。２０２５年4月13日の開場に間に合わせるためには、２０２２年度内には施工業者のゼネコンが決定され、その後、実施設計案が練られ、２０２３年の後半までには着工、工期を一年くらいと見積もって、２０２４年暮にはパビリオンの外形が完成していなければならない。その後内部の展示システムが運び入れられることになる。

しかしことはそう簡単には進まなかった。２０２２年7月に、基本設計を提示して、公告を行い、施工業者の応札を募った。10月に結果が公開された。結果は「不落」だった。不落とは落札されず、つまり応札してくれた業者はいたものの、私たちが想定している見積もりと、応札者の予算額に大きな隔たりがあり、入札が成立しない状況をいう。私もこの言葉をそのとき初めて知った。やむを得ず基本計画案を見直すことにした。削れるところは削り、積み上げることができそうな項目は、全体予算を調整し、捻出する努力を行った。こうして作成された改良案を2023年1月に再度公告し、応札者を募った。これで不落や不調(応札者がいない)となるとパビリオン建設が根底からあやうくなってしまう。祈るような気持ちで結果を待った。2月の終わり、ゼネコンの大手、鹿島建設の落札が決まった。心底ほっとした。もちろんさらなる調整は必要となるが、これで建設への道筋がつけられたことになる。さっそく実施のための設計が開始された。橋本氏にはここにも参画してもらうことになった。

何もなかった夢洲の土地の上に、ロープや線が張られ、パビリオンの区画が姿を現した。建設は着々と進められていった。鹿島建設の現場作業用バラックが立ち上がり、たくさんの人々が出入りし始めた。現場を監督するのは鹿島建設の境治彦氏に決まった。

生命的な建築

いのち動的平衡館の構造を支えるのは、外周を巡る鋼鉄のリングである。基礎構造に連結されたこのリングの曲線と剛性が、屋根の膜面を支える。

リングは直径40センチほどの鋼鉄製。全周は140メートルほど。全部で30のユニットに区分された部材が、工場で鋳造され、正確に曲げられる。この精密加工を行ってくれたのは、大阪の扶桑機工である。実際にその現場も見学させていただいたが、大きな体育館のような場所に丸太のような巨大な鋼材が何本も置かれている。これを移動させるためのクレーンが天井を移動できるようになっている。この工程にもハイテクが使われていた。リングには接続のための張り出し部や、ワイヤーを結びつけるための突起など、さまざまな部材が多様な角度で溶接されている必要がある。それが各リングごとに正確に実施されているかどうかを確認するため、特別なソフトを載せたｉＰａｄが活躍する。ｉＰａｄ上には、リングの設計図が浮かび上がっており、ｉＰａｄのカメラを、実際の鋼鉄リングに向けると実物が撮影され、それが設計図と重ね合わされるのだ。もし、設計図にあって、現物にはない部材があれば、その部分は赤く点灯して問題を知らせてくれる。曲げの角度なども設計図と現物がぴたりと合うかどうかが確認される。こんなに太いリングを正確に曲げるためにも特殊な工法が使われていた。リングは、私たちが健康診断のときに入るＣＴスキャナのようなドーナツ状の装置の中をくぐり抜けていく。ドーナツの輪の部分に高熱がかかる。そのときリングの前後を保持する装置が力を加え、設計図どおりの角度に鋼材を曲げてくれるのだ。

いのち動的平衡館の外周を支えるリングは滑らかな曲線を描き、館の開口部では空高く立ち上がる。それはまるでジェットコースターのレールのように見える。精密に構造設計されたリングはどの部分にも同じ形の場所はない。つまり同一の部材を繰り返し使って作り上げる箱型の建物とは全く異なり、リングの部品はすべてがユニークな形をしている。まさにジェットコースターのコークスクリューのように、曲がりながらねじれている部分もある。この部材は現場で、基礎部分に結びつけられながら互いにがっちりと溶接され、全体として閉じた円形のループ構造となり、全パビリオンを支えることになる。内部に柱は一本もない。外周リングとワイヤーの張力だけで建物が立ち上がる設計になっている。このため正確で強力な溶接技術が必要となる。これはすべて熟練の溶接技術者の手作業によって行われた。これもまた現場に立ち会って初めて知ったことだが、部分リングと部分リングの接合は、原理的には中空のマカロニ同士をつなぎ合わせるようなもの。接合面は互いに向き合って閉じられるから、その面を直接溶かすことはできない。マカロニなら接着剤を接合面に塗って張り合わせればよいが、鋼材をつなぎ合わせるには接着剤では全然強度が足りない。鉄を溶かしながら、鉄同士を一体化してしっかり結び合わせなければならない。では一体どのように溶接するのか。そのための特殊な工夫があるのだ。リングの断端は、ちょうど新品のエンピツを、ほんの少しだけ鉛筆削りで尖らせたときのようなテーパー構造（斜めに削った部分）がつけられて納品されてくる。整合面では、このテーパー部分に溶融した鉄を少しずつ重ねるように盛り付けながら溶接が行われる。しかも溶接部は、リングの円周に沿って３６０度回っている。上側の溶接は重力に従うが、下側の溶接は重力に逆らうことになる。これまた特殊な溶接技術があって、少しずつ、鉄が垂れないよう薄く重ね合わせを行いながら溶接が進められる。リング部材が30あれば、円周全体で30箇所の溶接部がある。考えただけで気が遠くなるような作業だ。これを着実に仕上げていく。一人ひとりの作業員・職人の方々の貢献に、本当に頭が下がる。心から感謝をしたい。

２０２４年5月、いのち動的平衡館は、ほぼリング部材の接合を終え、外形が姿を見せていた。それは巨大恐竜の背骨のように立ち上がっていた。画竜点睛というごとく、この日、最後の一ピースを、リングのループ立ち上がりの最高点に組み込むことによって、全周が滑らかな閉じた円形曲線でつながることになっていた。そのリング部材が、地上に置いてあるうちに、私たちはマジックペンで寄せ書きをすることにした。その場に集まっていた関係者が思い思いに名前や日付を書き込んでいった。私は、“May the force be with us（力が私たちとともにありますように）”と大きく書き込んだ。ご存知のとおり、これは映画『スター・ウォーズ』の導師が、ジェダイ戦士に授けた言葉、“May the force be with you（フォースとともにあらんことを）”の転用である。その後、この部材はクレーンで高く吊るされて、ループの最高点に持ち上げられ接合部分まで静かに降ろされた。これで両側を溶接すればループの完成である。高所での作業のためにループのまわりには足場や支持台が組み立てられているが、リングが全部つながればその内部に発生する自律的なテンションによって自立するはずである。

大阪の暑い夏の間も工事は着々と進められた。完成した外周リングにワイヤーが張り巡らされていった。太いワイヤーは、上空に立ち上がったループの頂点部分を両側に引っ張り、構造計算で算出されたように、力のバランスを発生させる。そのあいだに、細いワイヤーが、蜘蛛の巣状に細かい間隔で張り巡らされる。張り巡らされたワイヤーの均衡バランスを調整するために、それぞれのワイヤーの基部に引っ張り力を測定する小さな装置が備えつけられた。敷地の真ん中に臨時テントが設けられ、コンピューターが置かれた。何十箇所にも及ぶ測定点から計測されたテンションのデータがここに集約され、引っ張り力の調整が行われた。別の場所にも書いたとおり、構造設計を行ってくれたＡｒｕｐの富岡氏の計算によれば、この数値が許容範囲に収まれば、パビリオン全体は均衡を保つ安定した構造体として存立できることになる。だが、この調整がなかなか難航することになった。こちらを締

入口上部にくるリング部材に寄せ書きをした。（編集部撮影）

外周リングに張り巡らされたワイヤー
（提供：2025年日本国際博覧会協会　撮影：西川公朗）

屋根膜取り付けの様子　（撮影：鹿島建設）

めるとあちらが緩む。あちらを締めるとまた別のところがアンバランスになる。

私は中学生の時、技術工作で作った木製の椅子のことを思い出した。きちんと図面を描き、正確に組み立てたつもりだったが、完成した椅子を床に置くとグラグラである。4本の脚の長さがアンバランスなのだ。そのアンバランスを解消するため、私は一本の脚の底を紙やすりで削って短くした。これでOKと思ったら、今度は、別の脚が長すぎて、新たなアンバランスが生まれてしまった。その脚を削ると、また別の脚が……私は果てしない調整を繰り返し、最後には疲れ果ててしまった。

ところがいのち動的平衡館はそんなことにはならなかった。さすがはプロ集団である。調整を繰り返しているプロセスのある瞬間、すべてが一斉にバランスを取って、テンションは収まるべき値に収まった。歓声が上がった。つまり、ブロックを積み上げていくような途中段階がない。独立した部分がない。それぞれのパーツは、不安定さを抱えながらも、組み合わされた全体が、斉一的に釣り合って平衡を完成させる。これぞ動的平衡である。まさに生命的な建築だ。

外周リングと、そのあいだに張られた網目のようなワイヤー構造が完成すると、今度は、上に一枚膜が載せられる。これがパビリオンの屋根全体を覆う役割を果たし、風雨を防ぎ、また内部を暗がりにする。私はこれを「メンブレン」と呼ぶことにした。メンブレンとは、細胞を包み込む細胞膜のことである。メンブレンを載せる作業もすばらしいスペクタクルだった。メンブレンの製作をお願いしたのは、太陽工業である。太陽工業は、膜構造設計施工の専門企業。もともとはテント店として出発したが、ＥＸＰＯ'70のパビリオン建設で大活躍することになる。アメリカ館を覆った白い膜、富士グループ・パビリオンの連続するリング膜構造、その他、さまざまな膜構造・膜工法を担当して名を上げた。東京・後楽園の屋内野球場、東京ドームの膜構造も太陽工業の仕事である。

いのち動的平衡館の天井を覆う膜は、とても複雑な形になっている。全体としては長径40メートル、短径25メートル超の楕円形だが、ループ部分は立ち上がり、くびれているので、ハート形となる。しかもドーム状に屋根を覆うことになるので、ゆるいパラボラ形の曲線を描く。太陽工業は、これをコンピュータ上で設計し、ユニットとなる樹脂膜を張り合わせて、専門の工場の広い床面で製作してくれた。膜の表面は薄いピンク色の膜、裏面は光線を遮る黒い膜でできている。薄いピンク色は、受精卵細胞が分裂を繰り返しながら初期胚（エンブリオ）を作り出した頃、血が通い始めたことを知らせる、ほのあたたかい生命の色を模しているので「エンブリオニック・ピンク」とし、建物全体を「エンブリオ」と呼ぶことにした。太陽工業が優れているのは、ただ膜を作るだけでなく、それをコンパクトに収納し、すばやく輸送し、効率よく展開するためのノウハウを蓄積している点である。これは例えば、大きな羽ぶとんにカバーをかける工程を考えてみればよい。布団に対して、カバーという〝膜〟をどのように置き、接点をうまく結びつつ、いかに手際よく裏返しながら、かければよいか。これはなかなかの難題である。そんなことをいつも考え抜いて、軽々とこなしてしまうのが太陽工業なのである。工場で製作され、一枚ものの膜となったいのち動的平衡館のメンブレンは、折りたたまれて運ばれることになった。その折りたたみ方は、広げ方を逆から考えて行われる。工場で折りたたまれるところは見ることができなかったが、パビリオンの上で、広げられる工程は全部じっくり見学することができた。その巧みな展開を見ていると、いかに上手に折りたたまれていたのかも分かるというものだ。

膜は、縦横2メートルくらいの〝おむすび状〟に折りたたまれて現場に運び込まれた。これくらいコンパクトならば小さいトラックで十分輸送することができる。この〝おむすび〟が、パビリオンの骨格の上空に、大きなクレーンで吊り下げされ、ちょうど頂点に位置するループ構造のトップ部分に静かに降ろされた。太陽工業の作業員の人たちが、高所作業車（蛇腹状の骨組みの上に作業台が載っている工事車両）に乗ってループ構造トップのまわりに張りついた。当然のことながら、全員、安全金具を装着している。おむすびのヒモが解かれ、おむすびはまず縦方向に広げられ始めた。多少手間取りながらも、おむすびは一本の帯状に伸びて、パビリオンの上に張られたワイヤーの上に、大蛇のように横たわった。今度は、その大蛇を横方向に、海苔巻きを左右に広げるように、展開していく。するとみるみるうちに、パビリオンの天井は一枚のメンブレンで覆われていった。見事だった。この工程をあらかじめ十分想定して、メンブレンは折りたたまれていたのだ。このあとメンブレンは、パビリオンの内側で、支持ワイヤーといくつもの接合点で結び合わされる。メンブレンの周辺部分は、外周リングに巻き取られるように引っ張られ、全体にテンションが与えられる。

2024年の暮、最後の確認に夢洲に降り立った。ほぼ完成したいのち動的平衡館は、実に美しい姿形を現していた。大地にふわりと降り立った一枚の細胞膜。それは海底を悠然と通り過ぎていくマンタのようにも見えるし、林間を飛び交う淡い色の高山蝶のようにも見える。外周部の波打ったひらひらのアウトラインは、海洋の軟体動物の遊泳にも見える。どこから見ても生命を感じさせてくれるフォルムをしている。メンブレンの内部には柱は一本もない。外周リングの張力だけでメンブレンが支えられる。これは細胞が、自律的に自立しているような建築を目指す、という基本コンセプトに基づいたもの。世界初の生命的な建築物なのである。この目的のために、文字どおり、幾多の人々の互恵的・利他的な知恵と力が結集されている。これまでに述べたとおり、外周の鉄鋼リングの製造、正確な曲げ加工、部材と部材をつなぎ合わせるための特殊なボルト、溶接技術など、あらゆる細部に〝プロジェクトX〟的な創意と工夫、困難とその解決策が込められているのだ。

私は、2022年の夏、初めてこの場所に来たときのことを思い出した。あたりは一面の荒れ地でまだ何もなかった。ところがあれから2年余り経過した今、ここには未来の光景が出現している。会場を巡る巨大な大屋根リングとその端正な木組みの構造。私の周囲のテーマ事業パビリオン（シグネチャーパビリオン）も、おのおののプロデューサーの考えを実現し、思い思いの造形を現している。各国のパビリオン、企業館、催事場をはじめとした共有施設も出来上がり、静けさの森にも木々が茂っている。私のパビリオンの南面に接しているウォータープラザも工事が進み、噴水設備などが作られている。足元の地面も、砂埃は消え、幾何学的なタイルが敷き詰められている。

工事は本当に間に合うのか、パビリオンはできるのか、と散々な批判を浴びた大阪・関西万博は、今、約束どおり、私の目の前に、その姿を実現しつつあった。

内部展示を作る

外側の建築物に対して、内側の展示システムの構築には紆余曲折があった。これを私は最初、デザインを専門とする人たちと一緒に考えようとしていた。多くのデザイン会社は、デザイン会社としての仕事のフォーマットがある。当初、私はこの事実が分からなかった。

例えば私がある商品のメーカー側の人間で、新製品を売り出したいとしよう。この案件がプロジェクトとしてデザイン会社に委託される。するとデザイン会社は、専属のコピーライターがキャッチフレーズを考え出し、チーフデザイナーがロゴや商品パッケージを考案する。彼らを統括する渉外窓口も別にある。そしてしばらく経った頃、さあ、どうです、御社の商品を売るにはこんなデザインが最適でしょう、とプレゼンが行われる。かっこいいロゴと、鮮やかでスタイリッシュなパッケージに私はたちまち魅了され、どうぞこれでお願いします、とひれ伏すことになる。つまり、依頼主である私はデザインの素人で、彼らはデザインの玄人なのだ。

これがデザイン会社の通常のフォーマットである。私は、そのことが全然理解できていなかった。いろいろなコピーライターが現れ、動的平衡を分かりやすく言い換えるキャッチコピーを作ってくれた。いろいろなデザイナーが現れ、動的平衡を分かりやすく表現するデザイン案を提出してくれた。それらはいずれも面白く、興味深いものだったが、私はいつも違和感を覚えた。しかし私はデザイン会社との付き合い方に不慣れで、その違和感が何に由来するのか、うまく捉えることができないでいた。

そのうち世間知らずの私もようやく気がつき始めた。「いのち動的平衡館」のキャッチコピーは動的平衡なのだ。これを言い直してもらう必要はない。そして動的平衡を、ロゴや図形や何らかのからくりで、デザイン化してくれる必要もないのだ。動的平衡は物語として伝えればよい。普通のデザイン会社が持っているフォーマットで、「いのち動的平衡館」を何らかのコピーに〝変換〟したり、デザインに落とし込んだりしてもらうことは必要ない。動的平衡は、短く言い直すのではなく、発案者である私がその意味を丁寧に語るしかない。動的平衡は、生命の物語であり、進化の絵巻物なのだ。だから私が望んでいるのは、〝変換〟ではなく〝表現〟の方法なのだ。万博のプロジェクトは、外部に発注できる仕事ではなく、それを一緒に考えてくれるパートナーが必要なのだ。

２０２２年秋、ようやくそう気づいた私は、プロジェクトを最初から仕切り直すことにした。コンペ方式で、新たな共創的なパートナーを公募によって選び直すことにしたのだ。時間はもうあまり残されていなかった。公募を呼びかけ、まず私自身が〝自分のやりたいこと〟を提示する会を開催した。そこで私は、動的平衡のコンセプト、万博のパビリオンの計画、そしてその内部で何を展開したいのかを提示した。公募の呼びかけに応じて集まってくれた人たちは、映像制作会社、催事施工会社、コンピュータグラフィックの専門会社など、さまざまな業態の人々だった。プレゼンの内容を持ち帰り、どのように福岡伸一プロデューサーがやりたいことを具体的に表現できるか、その方法と仕組みを考えてもらう。期間は一ヶ月。短いがこれくらいしか余裕はない。一ヶ月後、今度は私が受け手となって、各チームの提案プレゼンを聞く。各社はさまざまな技術や仕掛けで、私の意図を実現する方法を提案する。その結果を考量して、パビリオン展示を、今後一緒に作り上げるためのパートナーを一社選ぶことになる。万博開催まで実質あと2年。準備に一年、製作に一年。もう時間の猶予はない。ここで判断ミスを犯せば、私の計画は空中分解を起こしてしまうことになる。

大阪・関西万博で伝えたかったこと

私のやりたいこと、とはこんなことだった。生命の歴史、進化史は一般的には、弱肉強食・優勝劣敗・適者生存の原則によって進んできた、と考えられている。つまり進化は、競争と闘争の繰り返しの中にある、と。しかし、私はそうは思わない。生命とは本来的にもっと利他的で、共生的で、互恵的なものである。遺伝子はただただ自己複製することだけが唯一の目的であり、そのためになりふりかまわず利己的に邁進してきた、という利己的遺伝子論は、ひとつの作り話でしかない。生命は基本的に同じ起源を持ち、それが協力的に進んできた。つまり生命は利己的ではなく利他的なのである。この自然観の原点は、私が少年時代、昆虫オタクとして過ごした直感、センス・オブ・ワンダーの中にある。そして、この感性は多くの人に共感してもらうことのできる生命観だと思うのだ。これを大阪・関西万博で発信したいと思ったのだ。

私は生物学者になるずっと前、自然が大好きな昆虫少年だった。アゲハチョウの卵を採集してきて、それが芋虫、蛹《さなぎ》、蝶と、劇的な変化をする様子を記録するのが、毎年の夏休みの自由研究の課題となった。小学校の学年が進むにつれ、研究は少しずつレベルアップ、最初は単なる観察日記だったものが、写真を撮り、幼虫が食べた葉っぱの量を測定し、残酷ながら蛹を解剖して中身がどうなっているか調べた。幼虫の身体はドロドロに溶け、黒い液体が詰まっていた。ここから一体、どうしてあの華麗な蝶が生まれてくるのか。少年の素朴な疑問だった。が、現代の最先端科学も、蛹から蝶が形成される謎を完全には解明できていない。なぜこんなに劇的な変身が必要なのか、その理由も分からない。

分かっていることはこうだ。植物が光合成で作り出した有機化合物が葉っぱに蓄積される。そのもともとは空気中の二酸化炭素である。アゲハチョウの幼虫は、ミカンや山椒など柑橘系の葉っぱを食べてまるまると太る。つまり二酸化炭素は植物に移り、ついで幼虫の細胞となる。それは蛹の中で一旦溶けて栄養液になる。蛹の中の幹細胞がその栄養を使って、羽や翅脈などを形成する。蛹から出て羽を伸ばして大空に飛翔する。パートナーを見つけて、ミカンの葉っぱに卵を産める幸運な個体がいる一方、カマキリや鳥の餌食になってしまう不運な個体もいる。でもこれを幸運、不運と思うのは人間の勝手な感傷であって、多くの生物は食う・食われるの関係の中で生を全うする。食う・食われるは、優劣ではなく、相互補完的な、利他的な関係性だ。カマキリや鳥もまた他の生物の餌食になるか、あるいは土に戻って微生物や植物の栄養となる。有機物は二酸化炭素となる。つまり生命とは粒子の流れに他ならない。私のパビリオンで、まず気づいてもらいたいこともここにある。人間の生命も、この相互補完的な環の中にある流れだという事実である。

〝いのちを知る〟ためのパビリオンに、私は「いのち動的平衡館」と名づけた。こんな展示内容を考えているからである。

館に入ると、来場者は自分の姿が細かい粒子となって環境の中に溶け出していくのを体感する。その粒子は、ヒヨドリの大群のように、大空を舞い、離合集散を繰り返しながら、まるで群れがひとつの意思を持つように自由自在に変化する。ある群れは再集合して小さな細胞を形作る。これは原始の地球上に誕生した最初の単細胞生物だ。細胞は複雑化し、集合し、徐々に変容を遂げる。軟体生物になった細胞の塊は、やがて骨を持ち魚となる。魚の一部は手足を持ち、陸上に進出、両生類となる。その後、爬虫類、鳥類、哺乳類へと変化していく。38億年にわたる進化の歴史である。一方、このプロセスは、私たち人間の母胎内の発生過程でもある。精子と卵子が奇跡的に出会って成立した受精卵は、多細胞化し、最初は魚に似た形となる。それからカエル、トカゲ、鳥の赤ちゃんのような姿を取りながら、最後は尾が消えて、頭の大きい哺乳動物の形となる。つまり、個体の発生には、生命進化のプロセス全体が折りたたまれている。

来場者は、歩みを進めながら、この壮大な生命のドラマを体験しつつ、進化の大きなジャンプがどこでどのように起きたのかを垣間見ることになる。意外なことに生命進化の重要な跳躍は、生命が利己的ではなく、利他的に振る舞ったときに起きている。

今から20億年ほど前、生命進化はその最大とも呼ぶべき革命を果たした。原核細胞から真核細胞への進化である。このとき、一枚の膜で囲まれた細胞に、裸のDNAが包まれているという単純な形の細胞（原核細胞）から、その内部に膜が折りたたまれてできた区画構造を持つ複雑な細胞（真核細胞）へのジャンプが起こった。真核細胞では、DNAは細胞核の内部に特別な膜で保護された形で格納され、ミトコンドリア、葉緑体（植物系の細胞の特徴）、小胞体、ゴルジ体など細胞内小器官と呼ばれる特別な区画が細胞の内部に存在している。これによって細胞内では、合成と分解、酸化と還元といった、反対向きの反応が同時に進行したり、細胞内の老廃物の分解が専用の場所で行われたりするなど、急速な機能分化が進展することになった。

単純な原核細胞が、どのようにして複雑な真核細胞に進化しえたのか。突然変異と自然選択だけで生命の進化を説明しようとする利己的遺伝子論では、このような劇的な飛躍をうまく説き明かすことはできない。原核細胞から真核細胞への進化は、利他的な細胞内共生によって初めて実現された。

それまで大型の原核細胞は、小型の原核細胞に出会うとこれを餌として呑み込み、細胞内で分解して栄養源に変えていた。しかしあるとき、両者は利他的に共生することを選択した。大型の原核細胞は、小型の原核細胞を細胞内部に呑み込むものの、分解せずにそのまま温存する道を選んだ。その代り、呑み込まれた小型の原核細胞はそれぞれの得意な能力を発揮して、その余剰を大型の原核細胞に返報することを選んだ。有機物を酸化してエネルギーを生産する能力の高い小型の原核細胞は、その能力を最大限に発揮して、大型細胞の内部で共生するようになった。これが後の真核細胞におけるミトコンドリアの起源になったと考えられている。また、太陽の光をキャッチして二酸化炭素から有機物を作り出す能力（光合成能）を有する小型の原核細胞は、大型の原核細胞の内部で保護されながら、光合成をさかんに行うようになった。これが後の真核細胞における葉緑体の起源である。

これを細胞内共生説と呼ぶ。この仮説にはきちんとした証拠がある。まず第一の証拠は、現在の真核細胞の内部にあるミトコンドリアや葉緑体などの細胞内小器官は二重の細胞膜に囲まれていることである。これは、取り込まれた小型の原核細胞がもともと持っていた自分自身の細胞膜と、大型の原核細胞が小型の原核細胞を呑み込んだときにそのまわりを取り囲んだ、大型原核細胞の細胞膜である、と考えると納得しやすい。また、現在の真核細胞内のミトコンドリアや葉緑体の内部には、真核細胞のＤＮＡとは別個に、独自の小型ＤＮＡが存在している。これは、ミトコンドリアや葉緑体がもともと別の小型原核細胞であり、小型ＤＮＡはそのときの名残である、と考えると合理的だ。さらに、ミトコンドリアや葉緑体は、真核細胞内でどんどん増殖することができる。これもまたミトコンドリアや葉緑体が、もともと別個の小型原核細胞であったから可能なことだと考えられる。

互恵的、利他的な細胞内共生によって原核細胞が真核細胞へと進化のジャンプを遂げたあと、生命はさらに大きな進化を果たすことになる。それは単細胞生物から多細胞生物へのジャンプ、そして単為生殖から有性生殖へのジャンプだ。前者は、個々の細胞がバラバラに生存していた形式から、細胞の増殖に伴って細胞がバラバラに離れず、代りに集合したまま機能分担を行うような生存形式になったということである。これも互恵的・利他的な共生であると言える。これによって外側は皮膚の細胞、内側は内臓の細胞、さらに内部には細胞群を支えるための骨格を作る細胞、細胞間の物質輸送をするための血管の細胞、細胞間の情報伝達を行うための神経細胞、それを制御する脳細胞などの相互補完的な機能分担（これを細胞分化と呼ぶ）が進展していった。こうしたことから生物は大型化できるようになり、小さな細胞は群体となり、軟体動物、魚類（初めて脊椎を持った生物）、両生類、爬虫類、鳥類、哺乳類という大きな生物の進化の流れが加速されるようになった。

単為生殖から有性生殖への進化ジャンプとは、単一の細胞が自己増殖する形式から、オスとメスという異なる性を分化させ、その両者の互恵的・利他的な協力がないと次世代を作れないような形式を生み出した、ということである。なぜ、わざわざこのような面倒な形式が、進化の過程で選択されるようになったのか。それはとりもなおさず進化とは変化の歴史であり、変化を生み出すためには、自己のコピーと突然変異だけでは足らず、常に異なった特徴を持つ異性が混合しながら多様性を作り出す方式の方が圧倒的に有利だったからである。

生命の本質は利他性にある

利他性は進化のプロセスだけで働いているわけではない。現在、この地球上にある生態系全体で、利他性、互恵性、協働性はどのような局面にでも作用していることが見て取れる。

それは植物の営みを見ればよい。生命のもっとも本質的な利他性は、自らを積極的に破壊して、絶えず物質とエネルギーを他者に手渡しているということだ。植物が葉を茂らせ、それを惜しげもなく昆虫や草食生物に手渡すのは利他性のもっとも端的な現れである。

横浜のみなとみらい駅で降りて長いエスカレータで昇って行くと、巨大な壁一面に黒い石版がそびえ立ち、そこには碑文が刻まれている。これは米国の現代アーティスト、ジョセフ・コスース氏の作品である。引用されているのは、ドイツの詩人フリードリッヒ・フォン・シラーの言葉で、ドイツ語の原詩とその和訳が記されている。それはこんなふうに書かれている。

樹木は、この溢れんばかりの過剰を
Was er von seiner verschwenderischen Fülle
使うことも、享受することもなく自然に還《かえ》すが、
ungebraucht und ungenossen dem Elementarreich zurückgibt,
動物はこの溢れる養分を、自由で
das darf das Lebendige in fröhlicher
嬉々《きき》とした自らの運動に使用する。
Bewegung verschwelgen. So gibt uns die Natur

シラーは18世紀のドイツの詩人。今から3世紀も前の人がこんなことを言っていたことに驚かされる。生命の循環の核心をここまで過不足なく捉えた言葉を私は知らない。植物がもし極めて利己的に振る舞って、自分の生存に必要最低限の光合成しか行わなかったら、現在の生命世界の豊かさは生まれえなかったのは紛れもない事実である。一次生産者としての植物が、太陽のエネルギーを過剰なま

でに固定し、二酸化炭素を有機物に変え、その余剰を葉っぱや果実、穀物や根茎として惜しみなく虫や鳥へ、そしてヒトを含む他の生物に分け与え、水と土を豊かにしてくれている。だからこそ現在の地球生命系の多様性がある。

植物に限らず生命は利己的ではなく、本質的に利他的なのだ。

20世紀の生物学を席巻したリチャード・ドーキンス氏の利己的遺伝子論によれば、生物の唯一の目的は自らの遺伝子の複製であり、この目的のためにすべての生物は利己的に、生存競争を勝ち抜こうとしているという。しかし、生命進化のプロセスをただ適者生存というキーワードだけから見ると、生命の持つダイナミズムを見失うことになる。食う・食われるも弱肉強食という支配・被支配の関係ではなく、同じ生態系が共存するための利他性であると捉え直すことができる。食われる側は、食われることによって増えすぎることが制限され、食う方も食われる者があって初めて生存が可能となる。たくさんの卵や幼生が他の生物の餌となるのは実は利他性なのだ。生命は利己的であるよりも前に利他的であり、利他的な行為が進化を大きく飛躍させた。

もうひとつの側面は、自らを積極的に破壊しながら、常に自らを再構築していること。このことで宇宙の大原則である〝エントロピー（乱雑さ）増大の法則〟にあらがい、生命を前進させる。これが生きていることの本体である。私はこれを生命の動的平衡と呼ぶ。パビリオンの名称をこうしたのも、これが生命の根幹的な営みだからである。すべての生命は動的平衡を繰り返し、他の生物に利他的なパスを繰り出している。このネットワークが生態系である。これが〝いのちを知る〟ことだと確信している。これを提示したい。

この地球に最後に現れた、ある意味で最凶最悪の外来種がホモ・サピエンスたる私たち人間である。すべての地球資源を我が物に占有し、他の生物を搾取し、もっとも利己的に振る舞っている。教条的にならずして、いかに私たち自身に自制と自省を促すか。これが私のパビリオンに課せられた最大の問題である。いばるな人間、と言いたい。その上で、いのちというものが本来的に利己的なものではなく、利他的なものであること、常に手渡し手渡されるフローの中にあるという。それを私は自分のパビリオンで表現したいと思っている。

ざっとこのような内容のプレゼンを行った。これを具体的な展示の方法論に落とし込んでもらう。一ヶ月後、コンペの発表会に参加してくれたのは6つのチームだった。持ち時間はそれぞれ30分。それぞれ実に白熱した提案をしてくれた。いずれもが創意工夫に富み、ストーリーテリングに優れ、甲乙つけがたい内容だった。この中からひとつを選ばなければならない。この時点ではどの提案もあくまでプラン、構想上の産物であり、どこまで本当に実施・実現できるかは分からない状態でのプレゼンだった。それは時間の制約上仕方のないことだった。

熟考の末、私は、Ｔａｋｒａｍ案を選んだ。Ｔａｋｒａｍは、「企む《たくらむ》」の語呂合わせで、最先端テクノロジーを基礎としたデザイン設計会社である。工学部系の理科系出身者を中心とした若いベンチャー企業であり、技術とデザインの両方が分かっている少数精鋭集団というのが売りだった。私が、Ｔａｋｒａｍの提案を選んだのは次のような理由からだった。

私が求める動的平衡の生命絵巻の物語を、万博という公共空間で、多数の来場者に同時に楽しんでもらうためには、何らかの映像によるプレゼンにならざるを得ない。映像となると、現在のネット社会においても、その方法論は限られてくる。映画にせよ、コンピュータグラフィックにせよ、プロジェクションマッピングにせよ、スクリーンかモニターといった平面に映像を投影するしかない。そうなると観客は映画館のようにスクリーンに正対するか、あるいは壁のモニターに対面するしかない。そうするとおのずと来場者同士は同じ方向を向くか、背中合わせになり、お互いの交流・交歓、つまりある時間を共有しているという感覚が醸成されにくい。これは例えば、ARグラスのような個別の没入視覚体験を用意したときにも言えることである。それはそれでよいという考え方もありうるが、私は、利他性の生命論を主張する上で、来場者の人々に、焚き火を囲むような体験を共有してもらいたかった。

Takramのデザインエンジニア・緒方壽人氏の提案はそこに刺さってきたのだ。彼は、パビリオンのど真ん中に巨大なジャングルジムのような立体の円形骨組み構造を置き、その骨組みに沿って無数の光の点が明滅できるような装置を作ろうと言った。来場者はそれを取り囲む。微小な光の点群は、あたかもドローンショーのように点いたり消えたりしながら、映像を作り出し、動き出す。こんな装置によって、壮大な生命のドラマを映し出そうというのだった。

すばらしいプランだった。焚き火を取り囲むという私の希望にもぴったりだった（コンペ募集の時点では、私から〝焚き火〟といった要望は出していなかったし、私にもそこまで具体的なイメージはなかった）。しかし、このコンペの時点で、緒方氏が持ってきた模型は、縦横高さ各5センチほどの箱型の枠に数個のLEDがついたモデルでしかなかった。実際の万博では、これを直径10メートル、総数数十万個のLEDの点群装置を組み立て、あらゆる輝点をコンピュータで制御して、生命絵巻を作り出さなければならない。果たしてそんなことができるだろうか。私はこのプランに賭けることにした。

Takramの実行力は目を瞠《みは》るものだった。具体的には他の章を読んでいただきたいが、立体LEDユニットの設計、製作、組み立て、配置、そしてその制御など、あらゆる細部を実に着実に実現してくれた。実際のLEDユニットは長さ30センチほどの乾燥スパゲッティくらいの細い棒で、そこに9粒の白色LEDが並んだもの。これを数万本作って組み立てなければならない。Takramは、そのために回路設計会社、基板製作会社、組み立ての作業施工会社など、いくつものパートナーを適材適所から見つけ出し、チームを編成し、スケジュールを管理して着実に進行してくれた。

私も東京都府中市にあるLEDの製造工場（プラックス）に足を運んで、その現場を見せてもらった。実際に立体LEDの骨組みを作り上げ、足場を構築するといった現場作業には、これまた専門業者集団が存在している。私たちのチームメイトになってくれたのは丹青社という展示施工会社だった。博物館や文化施設に行くと、縄文人の暮らし、のようなタイトルでジオラマが作ってあるのを見かける。精巧で小さな模型で、船や住居、人々の様子などが再現されている。普通、それを私たちは、博物館や文化施設の〝中の人〟が作っていると思ってしまうのだが、多くの場合そうではない。プラン自体は、博物館や文化施設の学芸員や研究者が提案するとしても、実際の工作や造作を行うのは別のチームなのだ。その別のチームのひとつが丹青社である。百貨店をはじめとする商業施設のショーウインドーなども手掛けるし、喫茶店やファストフード店の内装といった作業も請け負っている。丹青社とこのような仕事をするようになってから、私はある地方都市の文化施設を見学する機会があった。そこには産業の歴史が時系列に並べられていて、江戸時代から昭和時代の中頃まで隆盛を極めていたニシン漁の様子が展示されていた。ふと気がついて、私は案内してくれた学芸員にたずねてみた。「この展示を作ったのは……？」「丹青社さんです」

あらゆる現場に精妙な細部があり、その細部の完成度によって、万博が支えられる。それはパビリオン建築や内部展示の計画を実現する、いちいちのプロセスで、発見し、感じたことである。ネジの一本、ワイヤーの結び目ひとつにも創意工夫があり、それを行う人がいる。お互いに補完し、助け合い、協力しながら巨大プロジェクトを一歩一歩進めていく。万博は壮大な社会実験の場であり、これこそ相補的な利他性の集合体、動的平衡の現場、つまり生命体であるのだ。

私は、この光の粒子によるインスタレーションシステムに「クラスラ」という名前をつけることにした。クラスラとは、細胞内骨格の微小タンパク質「クラスリン」の複数形として、私が造語した言葉である。数十万個のLEDが、光の粒によって立体的で奥行きのある映像を生み出し、そこで38億年にわたる利他的な生命絵巻が展開される。それは、私たちのいのちが、どこから来てどこへ行くのか、生命とは何か、生きることの意味の答えでもある。

万博の仕組み

大阪・関西万博は巨大な国家プロジェクトである。その実務を支える実行部隊として、2025年日本国際博覧会協会（万博協会）が設立された。事務総長には、経産省出身の石毛博行氏が就任した。石毛と聞いてピンときたものがある。高名な文化人類学者・石毛直道先生のお名前だ。石毛直道先生は、食文化学、食品科学といった分野を通じて私も交流があり、辻静雄食文化賞の選考委員会などでも定期的にお会いしている。ひょっとしてと思ったら、そのとおりだった。石毛博行事務総長は、石毛直道先生のいとこにあたる親族だそうだ。石毛博行事務総長のリーダーシップのもと、万博協会は組織された。幹部は、万博の主務官庁である経産省の官僚を中心に、事務局は、万博に関係する大阪府・大阪市を中心とした関西圏の自治体職員、各種民間団体、関連企業など多種多様なバックグラウンドを持つ人々が出向する形で組織された。その人員は万博が進行するにつれ加速度的に増加していった。

私たちテーマ事業プロデューサーにも担当の人員が配置された。いのち動的平衡館を担当してくれたのは自治体職員の河谷秀子氏である。生まれも育ちも大阪、典型的な関西の女性だった。そして実に優秀な人材だった。予算管理から折衝、スケジュール調整など、まさに余人を以って代えがたいというのはこういう人のことをいうのだと痛感した。河谷氏は、テーマ事業計画発足の2020年から福岡チームを担当してくれた。この間、協会本体との連絡、チーム内のさまざまな案件の整理、根回しと調整、予算管理、ゼネコンとのシビアな折衝など多方面にわたって、誠心誠意、大変手際よく仕事をこなしてくれた。フットワークも軽く、東奔西走、八面六臂の大活躍をして、福岡チームの要になってくれた。議論が煮詰まるようなときでも快活で軽妙な〝大阪のお姉さん（自称）〟のノリが大いに奏功した。いのち動的平衡館の協賛集めのときも、彼女のコネクションが大いに役立つ局面があった。河谷氏の知見とノウハウの蓄積は、彼女を措いて他の人間に代替できるものではない。万博の大きな意義として、この万博に携わる行為を通しての人材育成という観点があると思う。その点でも河谷氏が培ってきた調整能力と関連知識は絶大なもので、新しく福岡チームに入ってきた若手へと引き継がれていった。まさに動的平衡である。これまでのチーム内での紆余曲折の事情もすべて把握している。この万博記録本も、本来なら彼女に執筆してもらう方が適任であるくらいだ。

もうひとつの強力な実務部隊は広告代理店だった。東京２０２０オリンピックでは、広告代理店の功罪が取りざたされることになった。利益誘導や、多段階の下請けを作っての手数料中抜き構造など、問題点も多々存在したのは確かだろうが、万博のような巨大な国家催事にあっては彼らのロジ管理能力とノウハウ蓄積の助けを借りざるを得ないのも事実である。いつまでに何をどう決める必要があるのか、実際にパビリオンが完成したあと、会期中、どのように運営すればよいのか、そのためのアテンダントやスタッフはいかに集めればよいのか、その選考はどう進めればよいのか、病人やけが人の発生など不測の事態が起きたときの危機管理はどうすればよいのか……あらゆる細部に注意を向ける必要があり、その方法論とマニュアルを持っているのが彼らなのである。

もちろん国家事業の公的資金が流れる仕事だから、その選定には公平性が担保される必要がある。テーマ事業パビリオンごとに、選考委員会を作り、外部からの選考委員も依頼して、各社のプレゼンによるコンペ形式で事業者を選定することになった。いのち動的平衡館は、2022年8月、博報堂を事業運営パートナーとして選ぶことを決定した。この年は、夏から冬にかけて、建築設計、展示デザイン、運営計画などさまざまなことが一斉に、劇的に動いていったときだった。

資金を集める

プロデューサーにはもうひとつ大きな課題があった。資金集めである。これも、万博協会が私にプロデューサーを打診してきた時点では、きちんと理解できていなかったことである。パビリオン建設には莫大な予算が必要だ。ざっと見積もってもパビリオン建設と展示システム構築などに三十数億円はかかる。その上、会期中の運営費も必要となる。ところが万博協会は、このうちの3分の1程度の予算しか準備することができないというのだ。残り3分の2の資金は、プロデューサー自らが民間から調達しなければならない。すなわち協賛社を見つけ、協賛金を支出していただかなければならない。これは至難のわざである。というのも、協賛社にとっては――これはオリンピックなどでも同じことだが――国家プロジェクトに協賛しているというステイタス以外には、直接のメリットやリターンはないからである。プロデューサーが、万博の理念を力説し、福岡伸一パビリオンの意味を説明し、そこに協賛していただくことを説得しなければならない。プロデューサーは資金集めもしなければならない。日本が高度経済成長期の真っ只中にあったEXPO'70ならば、潤沢な国家予算があり、岡本太郎は建設費の心配などしなくてもよかったはずだ。ところが今は違う。これが大阪・関西万博の現実だった。そして何かについて雄弁に誰かを説得してお金をもらうというのは、私が（おそらくは学者全般が）もっとも不得手とするところだった。もちろん万博協会の面々、特に経産省スタッフは全面的にバックアップしてくれた。

私は、名だたる企業のトップや経営幹部にアポイントメントを入れ、いのち動的平衡館が目指す生命哲学を説き、ぜひにもと伏して協賛を依頼した。だが、多くの企業の回答は同じだった。「福岡さんのフィロソフィーと熱意はよく分かりました。しかし……協賛金は出せません」

それもそのはず。協賛金額には格づけがあり、15億円以上はプラチナパートナー、10億円以上はゴールドパートナー、5億円以上はシルバーパートナー、1億円以上はブロンズパートナーとなっていた。それぞれのグレードに応じて、協賛社は、パビリオン本体やウェブサイトでの協賛社名の表示や、その大きさ、共同プロジェクトの進行など、いくつもの特典が規定されている。ただ先にも書いたとおり、それぞれの社業に対する直接的な商売上のメリットはない（協賛金は、広告宣伝費として処理できるので、税制上のメリットはある）。

そんな中、強力な助っ人が名乗りを上げてくださった。ジャパンマテリアルが、「いのち動的平衡館」パビリオンのゴールドパートナーになってくれたのである。企業としてのジャパンマテリアルの仕事は、半導体を作る会社のインフラを作ること。

実のところ、私も、万博でこのようなご縁ができるまでは、ＢｔｏＢ（消費者・Ｃｕｓｔｏｍｅｒではなく、企業・Ｂｕｓｉｎｅｓｓ同士の取引）を中心に活動しているジャパンマテリアルのことはよく知らなかった。ジャパンマテリアルの田中久男社長とお近づきになって、ようやくジャパンマテリアルの重要な仕事のことが分かってきた。コンピューターや携帯電話の心臓部に、半導体は絶対に欠かせない部品。半導体は社会や産業にとってなくてはならない、いのちの糧、つまり〝コメ〟のようなものだ、と言われてきた。しかし、今や半導体はコメ粒どころか目には到底見えないほどの極小の部品としてあらゆるシステムを支えている。つまり半導体は、社会や産業のコメというよりは〝細胞〟のようなもの、と言った方がより正確である。

生命体を支える細胞は、細胞だけでは生存することができない。細胞には酸素や水、栄養素が必要だ。それらを供給するため、私たちの全身には複雑なシステムが張り巡らされている。循環する血管網、酸素と二酸化炭素を交換する呼吸システム、栄養素を消化吸収する胃や腸のシステム、代謝の働きを制御するホルモン系や神経系……。

半導体が産業の細胞なら、この細胞を作る工場についても全く同じことが言える。精密な半導体製造は今や日本に限らず世界的な基幹産業。半導体製造工場には、究極的にきれいな水（超純水）や、窒素やヘリウムなど各種の特殊なガスが、日々、絶え間なく供給される必要があり、供給のためには精妙なパイプラインの敷設と維持管理が不可欠である。そういうサポートを一手に引き受けているのが、ジャパンマテリアルなのだ。いわば半導体産業の縁の下の力持ち的な存在。社会の生命線を支えている。

その意味から、ジャパンマテリアルの田中久男社長が、同じくいのちをテーマとする私のパビリオン「いのち動的平衡館」のコンセプトに全面的に賛同してくださり、巨額の協賛金を、万博プロジェクトが進行し始めた、２０２２年の早い時期に、いの一番に決めてくださった。これがなかったら福岡伸一パビリオンは始動できなかったし、今日の実現もなかった。本当にありがたいことだった。

ジャパンマテリアルは、いつでも、すぐに駆けつけられるよう大きな半導体製造業者のすぐ近くに拠点を置いている。本社のある三重県の菰野《こもの》町は、キオクシアのお膝元。その他、岩手県北上市、熊本県大津町などにも工場を置いている。

万博開催に向けて、機運醸成のためのプレイベントとして、ジャパンマテリアルとともに万博共同プロジェクトを開始することにした。それは〝福岡ハカセの読書会〟というものだった。私が書いた絵本『ホタルの光をつなぐもの』（文・福岡伸一、絵・五十嵐大介　福音館書店）をみんなで読んで、いのちのつながりや環境のことを考え、大阪・関西万博への期待を盛り上げていこう、という企画である。場所は、ジャパンマテリアルの本社がある菰野町の文化ホール。地元の小学生と親御さんにお声がけして、数百人が来てくれた。絵本の物語は、女の子が、家の近くの小川でホタルの幼虫を見つけるところから始まる。幼虫はちょっとグロテスク。小さな怪獣みたいな姿をしている。女の子は興味を持つ。幼虫を家に持って帰り、ホタルになって光るまで育てたいと思う。そこで、川まで一緒に来てくれた、自然に詳しいおじさん（これは福岡ハカセがモデル）に聞いてみる。ホタルの幼虫の餌は何かなあ。幼虫は、流れの中に棲むモノアラガイという小さな貝を食べる。肉食なんだ。じゃあ、貝も一緒に持って帰ればいい？　でも、貝は何を食べて生きていると思う？　貝は、川底の石に生える藻を食べているんだよ。じゃあ、石も拾っていけばいい？　石に藻が生えるためには、太陽の光と、清流に溶け込む酸素と、ミネラルをはじめとする栄養分が必要だよ。でも、まだ足りない。幼虫が蛹になるためには土手の柔らかな土がいるんだ。女の子は、幼虫を持って帰ることを諦めて、網で捕まえた幼虫を川に放つ。

ここまでが物語の前半。ポイントは、女の子が、ホタルの幼虫を支える自然が全部つながっていることを悟る、というところ。これは、私の大阪・関西万博パビリオン「いのち動的平衡館」のテーマでもある。生物は、互いに支え合って生きている。たとえ食う・食われるの関係であっても、それは支配・被支配関係ではなく、互恵的、利他的なもの。ひとつの種が増えすぎないよう調整しあい、環境を共有している。ホタル、貝、藻、あるいはその周囲で生活する魚やエビやプランクトンはみな相補的につながっている。これがいのちの動的平衡である。

読書会にはスペシャルゲストをお呼びした。本の読み聞かせには、朗読のプロの語りを聞いてもらおう、ということで、テレビでおなじみのニュースキャスター・膳場貴子さんに、はるばる来てもらって、福岡ハカセの朗読パートナーを務めてもらった。膳場さんの、凛として、それでいて優しさにあふれる語りが会場の隅々まで滲みいった。それを子どもたちは一心に聞いてくれた。

物語はこれで終わらない。女の子はその後成長し、ホタルのことなどすっかり忘れてしまっていた。あるときふと思い出す。昔、遊んだあの小川はどこへ行ったのか。街はすっかり様変わりしていた。住宅が立ち並び、小川はコンクリートで固められ、さらには暗渠《あんきょ》となった。向こうには巨大なタワマンがそびえる。もう、ホタルが戻ってくることはないのかしら。そんなことはないよ。耳をすましてごらん。すっかり都市化されてしまったこの街にも、自然がそのつながりを回復しようとするかすかな音が聞こえるよ……ここからが、福岡ハカセの絵本が、普通の絵本とはちょっと違うところ。五十嵐大介さんの描く未来の都市の様子は、みんなが思っている姿とかなり違う。なんだか新海誠さんのアニメーションに一脈通じるような展開となる（詳しくは絵本をご覧ください）。

読書会のもうひとつの目玉は、プロジェクションマッピング。ホタルのキャラクターが、楽しく学べるクイズを出したり、環境について語ったり、会場空間全体に動物が動き回ったりとダイナミックな映像が展開する。プロジェクションマッピングの技術は、ジャパンマテリアルの関連会社バック・ステージが担当してくれる。バック・ステージには、いのち動的平衡館のプロジェクションマッピングについても協力していただいている。

読書会は、このあと全国を巡回し、北海道・紋別市、熊本県・大津町、岩手県・北上市で開催した。特に、北上市で開催したときには、地元の黒沢尻北高校の放送部の生徒たちが司会進行や朗読パートナーとなって大活躍してくれた。そして、国際博覧会担当大臣（当時）、自見はなこ議員も駆けつけてくれた。自見大臣は小児科医でもあり、子どもたちに話しかけるのはお手のもの。見事なスピーチと朗読で会場を最高に盛り上げていただいた。ここに参加してくれた小学生たちには、ぜひ万博にも来ていただきたい。彼ら彼女らが未来に希望を持てるよう、私も全力で頑張りたいと思った。

読書会では子どもからの質問も受け付ける。ある会では、こんな質問をフロアーの少年から受けた。

「福岡ハカセは、ハチに刺されたことありますか。ハチは刺すとなぜ死んでしまうのですか」

ハチに刺されたこと、あります。まだ小学生だった頃のこと。虫捕りに出かけて、枝と枝のあいだに見事な蜘蛛の巣を見つけた。光る朝露をまとって、繊細な多角形が幾重にも連なっている。気がつくと、網目の隅の方に小さなミツバチが引っかかってもがいているではないか。巣の反対側には、黄と黒の縞模様のある大きな蜘蛛がいて、いちはやく振動を感じ取ったのか、長い脚を巧みに動かしながら、ゆっくりと距離を縮め始めていた。とっさに思った。助けてあげないと。囚われのハチを糸から外してやろうと、こわごわ指先で蜘蛛の巣に触れた。思いの外、糸は丈夫で、しかも粘ついていて指にまとわりつく。ミツバチは逃げようとしてますます激しく動き、透明な羽がかえって糸に絡みついてしまう。揺れが強まったせいか、蜘蛛はすばやく近づいてきた。

早くしないと。ミツバチの身体をつまんで強引に巣から引き離そうとした。その瞬間。指先に焼けるような激痛を感じた。ミツバチの針で刺されたのだ。救いの手と知るよしもなく、ミツバチは最後の力を絞って抵抗を試みたのだ。指には黒い針が残されていた。針は内臓とつながっていて、刺すと胴体から内臓が引き出され、ミツバチは死んでしまう。ハチの死骸はぽとりと地面に落ちた。私は、ミツバチの救出に失敗しただけでなく、蜘蛛の巣をずたずたに破壊し、彼女の朝食を奪ってしまった。おまけに刺された。自然の営みに対する私の無益な介入は、あらゆることを損なってしまったのだ。しばらくの間、指先に鈍い痛みと後悔が残った。

ジャパンマテリアルに続いて、NTTがゴールドパートナーになってくれた。NTTは自社でも独自パビリオンを出展する。その上でいのち動的平衡館にも協賛してくださった。これには、NTTの澤田純会長の大きなお力添えがある。澤田会長は、京都大学工学部の出身だが、大の読書家であり、また思索者でもある。私の著書を読んでくれていて動的平衡論にも理解があり、さらには、京都学派の哲学者・西田幾多郎の生命論を読み解こうと奮闘した記録『福岡伸一、西田哲学を読む』(明石書店)も熟読してくれていた。そんなバックグラウンドがあって、私のパビリオンに強い協力をいただくことになったのだ。

大阪・関西万博のNTTパビリオンといのち動的平衡館のあいだには、〝ふれあう伝話〟が、NTTの光通信システムIOWN(アイオン)によってつながれることになった。これは音声・画像通話の電話のさらなる進化型で、相手側の触覚(動作や振動)が、特殊な技術によってほとんど遅延なく、相互に伝達されるもの。未来の電話といってよい。

さらに澤田会長は、京都の地に、京都大学の出口康夫教授やドイツの哲学者マルクス・ガブリエル氏などを発起人とした京都哲学研究所を設立することを発表した。未来社会のデザインのためには、今こそ哲学が必要だという認識を形にしたものである。私もこの計画のお手伝いをする予定である。

加えて、精密工作機械メーカーの雄、DMG森精機と京都の電子機器メーカー・ニチコンがいのち動的平衡館のブロンズパートナーになってくださることが決定した。DMG森精機の森雅彦社長は、ピアニストの反田恭平氏、ヨット冒険家の白石康次郎氏を支援していることでも有名だ。白石氏のヨット、DMG MORI Global One号の帆にDMG MORIというロゴがはためいているのを見たことがある人も多いのではないか。森社長は「ひとりで頑張っている人を応援したい」と語っていた。私のいのち動的平衡館を支援してくれた理由も「福岡さんのパビリオンのコンセプトがいちばん知的に見えたから」と言ってくださった。これはかなりうれしい評価である。

ニチコンは、歴史的にはコンデンサ（電気を蓄えたり放出したりする電子部品）のメーカーとして創業された企業だが、今では多角化して、電気自動車から災害用電源、ソーラー蓄電器、小惑星探査船の部品まで、幅広い電子・電気装置を扱っている。まるで単細胞が多細胞化していったように、相補的、利他的にその生態系を広げてきた。そんなコンセプトがいのち動的平衡館とつながったのだ。会長の武田一平氏は、ニチコンを米国全土に拡大した名経営者だが、実際にお話しすると、次から次へとジョークが飛び出すような明朗快活な人柄である。京都の企業なのに、全く関西弁ではなく、不思議に思っておたずねすると横浜のご出身とのこと。たまたまニチコンに就職し、すぐに外国に赴任、以降、十数年を米国で過ごした。人間万事塞翁が馬という諺をそのまま体現したような人物なのである。

この他、松脂《まつやに》を中心とする化学品メーカーの荒川化学工業、電子部品の接触に欠かせないはんだ材料のメーカー・日本スペリア社、そしてパビリオンのアテンダント用と運営スタッフ用のユニフォームを現物提供していただいたモンベルが、協賛社として協力してくださった。

モンベルの辰野勇会長とは不思議なご縁がある。

私はひとりで自然観察や釣り、昆虫採集に出かけることが多い。これは孤独な少年時代からの習い性のようなもの。アウトドアウエアは上も下も靴もだいたいモンベル製である。軽くて、通気性に優れ、汗をかいても膝に貼り付いたりすることもなく快適だ。登山などアウトドアの衣料素材の進歩には目を瞠るものがある。

モンベルでは、ショップの会員にもなっているのだが、その会報誌に、会長の辰野勇氏がこんなことを書いていた。彼は、2019年7月、激しい高山病に苦しみながらマッターホルンの山頂に立った。実に50年ぶりだった。50年前の1969年、彼は、アイガー北壁とマッターホルン北壁に挑み、登攀《とうはん》に連続成功した。「頂上から眺めたあの景色を今一度、この目で確かめたかった。（中略）半世紀の私の人生の『原点』に戻った錯覚さえ覚えた。」

これを読んでじんときた。この「原点」という言葉がすばらしいのである。というのも、私もちょうど、彼がマッターホルンに登っていた夏、全く別の場所で自分の「原点」を確かめていたからだ。ただし私の原点は、辰野氏ほど華々しい達成ではない。もっとずっとささやかな体験である。少年の頃からずっと憧れ続けていた大型の美麗なアゲハチョウ、コウトウキシタアゲハをこの目で確かめるため、台湾の南に位置する孤島、紅頭嶼《こうとうしょ》（現在名・蘭嶼《らんしょ》）という場所にはるばる出かけたのだった。コウトウキシタアゲハの「コウトウ」は、紅頭嶼のコウトウである。この蝶は優美な黒い前翅と、鮮やかな黄色の下翅をつけている。その下翅は特殊な表面構造を持っており、角度によって真珠色にも、緑色にも見える。こんな蝶は他にはいない。図鑑にはそう書かれていた。少年時代の私はそれを読んで感動した。生きて飛翔しているこの蝶の輝きを、ひと目だけでも見たいと願った。

後に知ったことだが、コウトウキシタアゲハへの憧れは、ただ私ひとりの妄想ではなかった。マンガの神様として有名な手塚治虫は、自分のペンネームに「虫」をつけたほど虫好きな昆虫少年だった。それには時代の背景もあった。1928年生まれの手塚が少年時代を送ったのは、日本が太平洋戦争に巻き込まれていく昭和10年代である。繊細な少年は、粗暴で命令的な軍国主義の風潮に耐えられなかった。傷つきやすい自我を守るため、彼が逃げ込んだのが昆虫の世界だった。手塚は、地元・宝塚の昆虫館に通いつめ、あるいは昆虫図鑑を夢中に眺めて、自分で〝昆虫図譜〟を作った。その原画は今でもあるのだが、写真と見紛うばかりのその精密な写生画には心底驚かされる。その図譜の筆頭を飾っているのが、このコウトウキシタアゲハなのだ。手塚少年もこの蝶の姿にうっとり見とれたことだろう。

さて、辰野氏の「原点」とは何か。それは彼がまだ若かったあるとき、自然の精妙さや美しさ、あるいは地球の広がりや奥行きを発見し、自分が確かに世界とつながっていることを実感した、そのときの陶酔に似た感覚のことだ。生きていくための支点を見つけた瞬間といってもよい。

それは辰野氏にとってはマッターホルンの頂上から見渡した、宇宙につながる全天空の青だっただろう。私の「原点」は、蠱惑《こわく》的に揺らめくコウトウキシタアゲハの羽の輝きの予感だった。

台湾本島と紅頭嶼とのあいだには速い海流が通っており、来訪者の行く手を拒む。私たちの小舟は激しい波に翻弄され、ようやく島の港についたときには熱帯特有の夕立が降りしきっていた。蝶が見られるような状況では全くなかった。翌日のかすかな晴れ間に私は島の山道や林間をさまよったが蝶はどこにもいない。3日目、もうすぐ帰路につかねばならないときに奇跡的な恩寵が訪れた。全く傷のない（蛹から羽化したばかりと思われる）大きなコウトウキシタアゲハがゆっくりと目の前に舞い降りてきたのだ。私は、黄色い後翅が斜めになったとき、それがはっきり輝く緑に変化するのを見た。

私たちは（つまり壮年になった私たちは）今こそ自分の「原点」に立ち戻り、その瑞々しい感触を思い出すべきである。それは感傷や懐古のためではない。これからをもう一度生き直すためだ。人生は長い。令和100年時代。そのためにも自分の出発点を今一度確かめた方がよい。私は何を美しいと感じ、何を求めて生きてきたのかを。葛飾北斎は、その代表作、「神奈川沖浪裏」や「富嶽三十六景」を70代でなした。画家ピエト・モンドリアンだって、「勝利のブギウギ」を描いたのは70代。科学者オズワルド・エイブリーが、DNAの秘密を発見したのは60代後半。彼らは自分の原点を忘れなかった。そして自分の仕事の頂点を人生の晩年に迎えた。大器晩成はすばらしい。むろん誰もが北斎やモンドリアンになれるわけではない。けれど、私たちはみな、もう一花、咲かせることができるはずなのだ。かくいう私もまた、コウトウキシタアゲハの羽ばたきに鼓舞されたからには、このあともうひと仕事しなくてはならない。

こんなことをあるコラムに書いた。そうしたら、しばらくしてこのコラムに目を留めた辰野氏から連絡があり、モンベルの会報誌で対談することになり、そこから仲良くしていただいている。そのことが今回のユニフォームの協賛につながった。

各協賛社の代表の皆様との対談は別の章に掲載してあるので、ぜひ参照していただきたい。

環境省とのコラボレーション

万博は、国家事業としては経産省主管のイベントである。だから他の省庁は、独自のパビリオンをつくるといった表立った形での露出はないが、さまざまな形での協力、コラボレーションがある。私は、たまたま環境省とのご縁があり、Cooperationという形で万博にご協力いただいた。もともと私は、生物学研究や動的平衡論を通して、環境省の環境啓蒙イベント「森里川海プロジェクト」に呼ばれたり、環境省・事務次官だった中井徳太郎氏と交流があったりして、環境省とはお付き合いがあった。私たちは、環境に対する問題意識として同じ志を共有していた。

そこで、互恵的・相補的なやり方で協力関係を結ぶこととなった。まず、環境省が主催しているグッドライフアワードに、特別賞として「EXPO2025いのち動的平衡賞」を設けさせていただくこととし、私が審査員に加わった。この賞は、毎年、環境のため、未来のために優れた取り組みや運動を行っている団体や企業を表彰する制度。「EXPO2025いのち動的平衡賞」は、その名のとおり、EXPO（万博）で私のパビリオンが目指す理念、すなわちいのちの循環や利他性を促進する取り組みを評価したいと考えた。生命のシステムは、動的平衡であり、他の生命から受け取ったものを、絶えず、他の生命に手渡す利他性の流れの中にある。人間だけがこの原理からはずれ、利他性の流れを、利己的な蓄積に変換してしまっている。これが環境を損ない、循環を滞らせている。そこで、私は、二酸化炭素の循環を取り戻そうとする森林育成活動や土壌の再生、あるいは、あらかじめリサイクルを予定したプロダクトを作る工夫、そのような企画を中心に選考することとした。

一方、環境省には、いのち動的平衡館のバーチャルコーナーにコンテンツを出展してもらうことになった。今回の万博は、大阪・夢洲のリアル会場とともに、ネット内にバーチャルパビリオンを作って、実際に大阪に来られなくても、世界中から、いのち動的平衡館にアクセスしてもらうような仕組みを整えることになっている。

そこでは、パビリオン展示のバーチャル体験が楽しめたり、いのち動的平衡館が目指す理念に触れることができたりするコンテンツを提示する。この一室を環境省に提供し、そこで「あなたから始まる物語」と題するロールプレイングゲームが楽しめるというもの。来場者は、自分のアバターとなる主人公を操作する。そのアバターが、森、海、都市に出かける。するとそこに生息する生き物に出会う。それぞれの生き物は人間がもたらした、さまざまな環境問題の影響を受けながら暮らしている。アバターはそのことに気づき、一緒に問題解決の方法を模索しながら旅を続ける……そのようなストーリーである。

万博の光と影

２０２３年12月15日、大阪・千里丘陵に出向いた。太陽の塔を見学するためである。約50年前、ここで開催された１９７０年万博のテーマ館がこの太陽の塔。プロデューサーは、かの岡本太郎。

近づくにつれ、塔の巨大さに圧倒される。高さ約70メートル。別のところでも触れたとおり、尖った腕を両側に開き、頂上には黄金の顔、胴体には苦悶の表情の顔。背後には黒い顔がある。あらためて見上げると巨大だ。それぞれの顔の意味を、岡本太郎はそれほど明確には語っていない。順に、未来、現代、過去を象徴すると言われる。しかし、ではなぜ未来の顔はそれほどまでに無機的で、機械的で、無表情なのか。現在の顔は今の世界の困難を表すのか、なぜ過去はそれほど暗いのか。一説には、黒い顔は、核の恐怖を表現しているという。

岡本太郎が、この太陽の塔を作っていたとき（1960年代後半）、彼は同時にもうひとつ大きなプロジェクトを海外で進行させていた。メキシコで制作されていた巨大壁画「明日の神話」である。縦5・5メートル、横30メートルに及ぶ巨大な作品で、メキシコオリンピックが予定されていたメキシコシティに建設されるホテルのロビーを飾る計画だった。

1970年、日本では万博が開催されていたが、メキシコではホテルの運営会社が破産、ホテル建設は中止された。すでに完成していた「明日の神話」は、そのどさくさの中で行方不明になってしまった。ずっとあとになって、太郎のパートナー岡本敏子によって、メキシコの資材置き場に保管されていた「明日の神話」が発見された。損傷が進んでいたが修復され、岡本太郎記念館の平野暁臣らの尽力によって、2008年、渋谷マークシティの通路壁面にパブリックアートとして恒久展示されることになった。だから今では誰でも、この作品を見ることができる。

「明日の神話」のモチーフは水爆実験で被ばくした第五福竜丸事件である。

1954年3月1日、第五福竜丸は、赤道海域でマグロの延縄漁を行っていた。彼らは漁場をマーシャル諸島沖に移すことにした。漁師たちは延縄を仕掛けたあと、短い仮眠時間をとった。その夜は大海の波は静かで、洋上に星影を映すほどの凪《なぎ》だった。明け方近く誰かが叫んだ。空が真っ赤だ。しかしそれは日の出の光ではなかった。赤く染まったのは東ではなく西の空だった。その後天空から白く細かなトゲトゲの破片が降り注いできた。目も口も開けてはいられないほどだった。破片の落下は際限なく続き、船の甲板に雪のように積もった。漁師たちは何が起きたのか分からなかった。

明け方の閃光は、米軍が、ビキニ環礁で実施した核実験によるものだった。白い落下物は核爆発で舞い上がったサンゴ礁の破片である。破片は放射性物質で汚染されていた。乗組員23人。ほとんどが20代の若者だった。全員が被ばくした。水爆実験に事前通告はなかった。

乗組員たちは直感的にこの場所にとどまってはならないと悟った。彼らは降下物を全身に浴びながら、数時間にわたる必死の延縄回収作業を敢行した。異変が起きたのは夕方になってからだった。乗組員たちの身体に、めまい、頭痛、吐き気、発熱、目の痛みなど、奇怪な症状が現れてきた。彼らにはそれが何か分からなかったが、明らかに急性放射線症状だった。船は、母港の静岡県焼津港に戻るのにさらに2週間を要した。症状はよりいっそう進行し、脱毛や火傷症状が悪化した。

第五福竜丸は救難信号（SOS）を発しなかった。爆発は米軍と関係していることを察し、それを隠蔽しようとする攻撃を恐れたためだとされている。これは紛れもなく、広島、長崎に続く第三の核兵器被ばくだった。広島、長崎の記憶もさめやらぬこのとき、被ばく国日本はさらなる核被害に見舞われたのだ。世論は沸騰した。各地で反核運動、原水爆禁止の狼煙があがった。同時代を生きた岡本太郎にとっても、この事件は大きな衝撃だったに違いない。

「明日の神話」には、第五福竜丸事件がなまなましく引用されている。中央の燃える骸骨は、核の火に焼かれる人間を表している。そこからまわりには巨大なキノコ雲が連続してたなびく。キノコ雲は邪悪な赤い舌を伸ばしている。歯の生えた魚にも鳥の頭にも見える物体がさまよう。

骸骨を中心に画面全体に広がる猛烈な炎の中に、黒焦げになった細い人影が散らばる。右手にも鮮烈な炎の帯が舞い、その先端も赤い舌を伸ばして不気味に笑っている。そこから逃げ延びようとした生き物たちが画面の隅に追い詰められる。赤い炎、渦巻く風、たなびく雲、そのあいだを飛んでゆく奇怪な妖怪のような影がある。右側に、ベルトのように伸びている帯はなんだろう。規則正しく二重の円盤が配置されている。すべてが爆発による破壊に翻弄されている絵の中で、このベルトだけが人工的な堅牢さを体現している。おそらくこれは爆縮レンズが並べられた核兵器そのものの象徴なのではないか。その下に、一見、少女のようにも思える小舟が揺れている。一本の糸が伸び、その先にはマグロがぶら下がっている。紛れもない。核爆発に翻弄された第五福竜丸の船影である。

核爆発の巨大なエネルギーがもたらす決定的な破壊と混乱、そしてそれに対する恐怖と憤怒。それは、スペイン内戦の悲惨なカオスを描きだしたピカソの「ゲルニカ」が放つ、恐怖と憤怒に匹敵するといってもよい。

私も渋谷駅を通るたびにこの巨大な壁画を眺める。よく見ると、各所に太陽の塔と共通するモチーフがあることが分かる。中央の燃える骸骨。炎に焼かれ身を捩っているようにも、逆に踊っているようにも見える。骸骨には頭部、脊椎、骨盤などがあるが、何よりも目立つのは四方八方に伸びる尖った白い放射線だ。これは散らばった骨にも見えるが、人間にはこんな骨はない。むしろ爆発で飛び散ってゆくいのちの軌跡のようだ。そして、ひときわ左右に広がった線は、太陽の塔の両腕とそっくりに見える。あるいは、この白い放射線状の輝線をすべて暗転すれば、それはそのまま太陽の塔の裏にある黒い太陽になる。そう考えると、黒い太陽が核の恐怖と呪縛を象徴しているという説もうなずける。

太陽の塔と「明日の神話」には、人々の心をかき乱す何らかの吸引力、あるいは何事かを喚起する触媒作用があるのだろう。モニュメントを巡って不思議な事件が起きた。

ＥＸＰＯ'70の会期中に起きた太陽の塔「アイジャック」事件である。開催が始まってまもない１９７０年4月26日、太陽の塔の黄金の顔の右目部分、直径2メートルの開口部に、「赤軍」と書かれたヘルメットをかぶり、水色のタオルを口に巻いた若い男が侵入、万博中止などのアジ演説を行い、そのまたてこもった。男はキャンピングバッグに、トランジスタラジオ、トイレットペーパー、『万葉集』、『葉隠』、『萩原朔太郎詩集』を持っていたが、水も食料も持参していなかった。機動隊が投降を説得したがそのまま籠城、なんと6日間以上にもわたってその場にとどまった。黄金の顔の目には、毎夜強力ランプが点灯されたが、籠城中は、右目の点灯が中止された。結局、１５９時間が経過した5月3日、疲労した男はついに投降、逮捕された。過激派の組織的な背景はなく、単独の愉快犯だったとされる。噂によれば、岡本太郎は犯人にエールを送ったらしい。私もこの事件を鮮明に記憶にとどめている。一体どうやってあんな高い場所に到達したのだろう。作業点検用の通路を突破したのだろうか。

「明日の神話」とは、人類の進歩と調和を夢見ていた私たちに、明日は決して明るい日ではないことを直接的に指し示すもの、つまり太郎独特のアンチテーゼに他ならない。同時期に作られた太陽の塔にも同じアンチテーゼが込められている。ならば岡本太郎の挑発を、私も私なりに受け止めなければならない。大なり小なりとはいえ、それが大阪・関西万博のプロデューサーに課せられた役割のはずだ。

ＥＸＰＯ'70の当時、来場者は、太陽の塔の内部に入れるようになっていた。岡本太郎は、塔の内部にもうひとつの〝塔〟を作っていた。〝生命の樹〟である。

10歳の私もそれを見たはずだったが、その記憶はおぼろげなものでしかない。長い列に並んで何時間も待って入場した（アイジャック男も、最初は、この列に紛れて入場したはずである）。内部に入ると赤や緑のサイケデリックな空間が広がり、にょろにょろと立ち上がった生命の樹の幹と枝々に、生命進化の流れが貼り付けられていた。それを眺めながらエスカレーターで上昇、最後は太陽の塔の腕から外へ出て、大屋根の上部に抜ける。その順路は覚えているものの、細部はほとんど忘れてしまった。

太陽の塔の内部は、ＥＸＰＯ'70閉幕後、長らく一般非公開となり開かずの間となった。その間30年、雨漏りや老朽化が進み、耐震構造の不備も指摘された。その後、２０００年代になり、部分的・期間限定的な公開を経て、全面的な改修・耐震工事がなされ、２０１８年、一般に再オープンする運びとなった。こうして私もなんと五十数年ぶりに、太陽の塔の内部、生命の樹と再会することになった。

生命の樹は、単細胞生物の発生から人類の誕生まで、原生類時代、三葉虫時代、魚類時代、両生類時代、爬虫類（恐竜）時代、哺乳類時代、と進化の系統樹をたどれるように作られていた。模型の総数は200近く。当時のものもあれば、新たに作り直したものもあるという。

今見るとややチープな印象で、プラスチック素材でできた三葉虫やアンモナイト、恐竜などの模型が貼り付けられている。頂点に近い枝には、ネアンデルタール人、クロマニヨン人が配置されている。しかし生命の樹の梢はさらに上空に向かって伸びている。人間は生命進化の頂点に位置しているわけではない。進化は今も、これからも続くのだ、という岡本太郎の叫びが込められている気がした。

私もこれに呼応して生命絵巻の物語を作らなければならない。それは単に進化のプロセスを模した教科書的なものであってはならない。岡本太郎の思いを引き受けた、何らかのアンチテーゼが表明されなければならない。

生命の樹をたどりながら、内部から眺めた太陽の塔の胎内巡り、特に両腕の内側には驚かされた。円形の鉄鋼の輪でできた構造骨格が何重にもぎっしりと組み合わされている。岡本太郎も斬新なデザインによる縄文的な生命の躍動を支えるためには、近代建築技術の工業力が不可避だった。これは、自然《ピュシス》と人工《ロゴス》の絶対矛盾といってもよい。

地底の太陽

太陽の塔には、黄金の顔、苦悶する胴体中央の顔、黒く呪術的な背面の顔があり、それぞれが未来、現在、過去を表象するとされている。が、本来はもうひとつ顔があった。それが〝地底の太陽〟である。EXPO'70の中央、お祭り広場に大屋根を突き破る形で屹立するテーマ館、太陽の塔に入場すると、来場者はまず地階の広間に通される。薄暗い空間には、岡本太郎が当時の若手の文化人類学者たちに命じて、世界各国、各地から蒐集した仮面やお面、人物頭部の彫刻、彫像品が並べられた。それは太古からの人間の祈りや心の拠り所を示すものとされた。ちなみにこれらの貴重な文化財は、この万博公園の後に建設された国立民族学博物館（黒川紀章設計）の収蔵物となり、同館の基礎を築くものとなる。

おびただしい数の居並ぶ無言の人面の真ん中に、地底の太陽が置かれていた。それは太陽の塔の第4の顔と呼べるものだった。直径3メートルの円形の顔は、鈍い黄金色で、全体が包帯でぐるぐる巻きになったミイラ人間の顔のようであり、そこに2つのうつろな目が穿たれていた。これは太陽の塔の他の顔にも言えることだが、いずれの顔の目も、それは実は視覚をつかさどる眼球ではなく、ただの空洞、ヴォイドでしかない。それは仮面のスリットと同じだ。何も見ていないし、何の光も反射していない。何もない通路なのだ。そのような目に、岡本太郎は何を託していたのだろうか。

そして顔の左右には、太陽のフレアとも稲妻とも見えるような波形の帯が両側10メートル以上にわたって伸びていた。この波形の帯は、太陽の塔の胴体にも、あるいは、「明日の神話」にも見ることができる、太郎お得意のモチーフである。

来場者は、この不気味な地底の太陽、無数の仮面と出会ったあと、トンネルを抜けて、太陽の塔の内部、生命の樹の根の部分に達することができるように通路が作られていた。少年の私もここを確かに通ったはずだが、生命の樹の鮮明な記憶に比べ、地底の太陽の記憶はおぼろげでしかない。

先にも触れたとおり、EXPO'70閉幕後、この空間を含め、太陽の塔自体が閉鎖されてしまった。民俗学的な史料となる仮面は、国立民族学博物館に引き取られた。が、あろうことか、地底の太陽は行方不明になってしまったのである。

いくつかの証言が残されている。地底の太陽は、EXPO'70閉幕後、兵庫県に移管された。関係者は、何らかの催事に利用しようと考えていたのだろう。まだ太陽の塔自体が保存されるかどうかも分からなかった頃である。しかし取り立てて有効な利用の機会が得られないまま、地底の太陽は、神戸の王子動物園敷地内の、兵庫県が管轄していた資材倉庫にブルーシートで覆われてしまわれていたという。おそらく顔とフレアは吹田から神戸への輸送の時点で取り外されていただろう。このあと長らくそのまま放置されていたが、1984年になり資材倉庫が取り壊されることになった。その後地底の顔の消息はない。ことの経緯を知る関係者もほとんどいなくなった当時、地底の太陽はそのまま廃材として捨てられてしまったようなのだ。一説には、当時埋め立てが開始され、土砂や産業廃棄物を受け入れていた夢洲に投棄されたのではないかという。もしそれが本当ならこんな逆説もないだろう。

地底の太陽は、夢洲の地中深くに埋められ、その上に大阪・関西万博が、今まさに建設されつつある。岡本太郎の叫びが地下から聞こえてきそうだ。「これはなんだ」と。この呪詛を鎮魂しないことには、大阪・関西万博の成功はおぼつかない。

鎮魂といえば、もう一箇所、万博に関して、ぜひ行っておかねばならない場所があった。それは太陽の塔から少し離れた地点で、ＥＸＰＯ'70開催当時、菊竹清訓設計のエキスポタワーと呼ばれる近未来的な構造体があった敷地の足元にある。今ではエキスポタワーはすっかり撤去されてしまって、タワーの基礎の痕跡だけが残る、がらんとした空き地。その片隅に、目的のものはひっそりと建てられていた。普段はフェンスに囲まれて一般非公開の区域だが、このときは管理事務所にお願いして特別に入場を許可してもらった。ＥＸＰＯ'70の工事中に亡くなった人たちの慰霊碑である。黒い立方体の御影石に「招魂」の文字があり、表面に犠牲者の名前が刻まれている。その数17人。

こんなに多くの人が万博の建設中、いのちを落としているのだった。資料によれば、死因はさまざまで、高所足場からの転落事故、作業車両による交通事故、建材の落下に伴う事故など悲惨な事例ばかりである。年齢も20代、30代が多い。全国から集められた若手の労働者たちだった。「人類の進歩と調和」という光輝くスローガンのもとに、急ピッチで推進されたＥＸＰＯ'70の影の部分だ。

私は花束を慰霊碑の前に置き、ひざまずいて祈りを捧げた。「いのち」をテーマとした２０２５年の大阪・関西万博で、いのちを削るような悲劇が繰り返されてはならない。立ち上がって振り返ると、ちょうど正面遠方に太陽の塔があり、まるでこの慰霊碑を見守っているかのようだった。万博公園の森が夕暮れに沈もうとしていた。

生命の基本仕様は女性である

生命の基本原理は利己性ではなく利他性である。そして利他性原理の顕著な証明として、先に述べたように、原核細胞から真核細胞への進化が起きたことがある。これは無目的な突然変異によって急に生じたことではなく、合目的的に発生した細胞内共生によって起きた。つまり細胞同士の利他的な協力によって生じた。この細胞内共生説を唱えたのはリン・マーギュリスである。天文学者で、科学作家でもあったカール・セーガンの奥さんだった人物である。

それから単為生殖の方法が、オスとメスの協力による有性生殖に変化したのも、利他性の進化と言えることも述べた。有性生殖のメカニズム、つまりX染色体とY染色体による性の分化メカニズムを最初に発見をしたのは、100年以上前の研究者マリア・スティーブンスという女性だった。スティーブンスは、白人男性中心のアカデミズムの中で、教授、准教授といった正規の研究職につくことがかなわず、女子大学の実験助手という補助的な地位にありながら、地道な研究を続けた。研究費が十分でないことから、小さな甲虫を使って性分化の研究に打ち込み、ついにはY染色体の存在を発見した。

彼女たちの研究成果は、ノーベル賞に値するような大発見だった。しかしマーギュリスもスティーブンスもノーベル賞を受賞することはなかった。生命の重要な鍵を解いたのはみな女性生物学者だった。これは偶然だろうか。必ずしも偶然ではない、と私には思える。女性の方が生命の真実、あるいは生命の全体像に、より敏感に気がつくことができた。そんなふうに感じるのである。それはとりもなおさず、女性が生命の基本仕様だからかもしれない。

生命の基本仕様は女性である、というのはこういうことだ。これはぜひ万博のテーマに盛り込みたかったことなのだが、いのち動的平衡館では、細胞内共生、多細胞化、有性生殖といった利他性の顕現についてはは表現することができたが、時間や空間の制限から、生命の女性性については十分表現することがかなわなかった。そこで、ここにその点について若干の補足をしておきたい。

私の指を針で刺し、蜘蛛の巣にかかったまま、はかない一生を終えたハチは、蜜を集めに出た働きバチである。働きバチはすべてメスのハチである。一方、ミツバチのオスも、はかない一生を送る。交尾に成功するとその場で死んでしまうのだ。このようなハチの生態を見ると、人間のオスである私も身につまされる。

寒い季節、ミツバチたちは巣の中で越冬する。女王バチは産卵を停止、働きバチも活動をやめて巣に閉じこもっている。貯蔵しておいたハチミツを食べ、集団を作って小刻みに羽を動かして発熱しながら冬をしのいでいる。

春になると女王バチは産卵を再開する。働きバチも活動を開始する。女王というのはあくまで人間の見立てであって、働きバチに何かを命令しているわけではないし、ヒエラルキーの頂点にいるわけでもない。ただただ一心に産卵するのが女王バチの役割である。卵は六角形の部屋に入れられ、そこから幼虫がかえる。幼虫は、花粉やハチミツを食べて成長し、蛹となり、そこからハチが生まれる。生まれたハチのほとんどは働きバチである。働きバチは、最初の一ヶ月ほどは巣の中で内勤生活をする。幼虫への餌やり、巣の掃除などを行う。次の一ヶ月は外勤となる。野原の花畑へ飛び立ち蜜を集める。季節が良くなって巣の中にハチの個体数が増えてくると、女王バチは、卵のうちひとつを王台と呼ばれる特別な大型の部屋に産む。この卵から生まれた幼虫には特別な餌が与えられる。糖分とタンパク質に富んだロイヤルゼリーである。これを食べた幼虫は大きく育って、次の女王バチになる。働きバチになる卵と女王バチになる卵は、遺伝子としては全く同一なのに、餌の差ひとつで運命が変わるのである。

新しい女王バチが誕生する前後に、古い女王バチは働きバチのうち半数を連れて、この巣をあとにして、新しい棲処を見つける旅に出る。これを分蜂という。古い巣は、スズメバチなどの外敵の襲来にも耐えた安全な棲まいなので、これを新しい女王に譲るのである。まことに賢いやり方である。夏前に、軒先や街路樹にハチの大集団が玉になってぶら下がっているのを見ることがあるが、あれは分蜂の途上。別の場所に新しい巣を作る前の移動中の群衆なのである。

分蜂の少し前、古い女王バチは、オスになる卵を少しだけ産む。女王バチはオスとメス（働きバチ）を産み分けることができるのである。新しい女王バチとオスのハチは、時期がくると巣から飛び立って結婚飛行の旅に出る。ただし、同じ巣の女王とオスは決して交尾しない。違う巣の女王と、違う巣のオスが出会って交尾をする。近親婚を避けているのだ。どうして遠近が区別できるのかはいまだに解明されていないが、おそらく特別な匂い（フェロモン物質の差）で嗅ぎ分けができるのだろう。

交尾に成功したオスは、その場でお役御免、たちまち天寿を全うし死んでしまう。働きバチの針と同じで、生殖器が内臓とつながっていて、交尾とともに身体が破裂してしまうのだ。一方、女王バチは、何回も複数のオスと交尾を繰り返し、体内に精子を溜め込む。この精子は女王バチの体内で生き続ける。巣に戻った女王バチはこの精子を小出しにして使いながら、以降数年にわたって卵を産み続ける。だから女王が産む子孫は、複数のオス親を持つことになる。

首尾よく交尾できなかったオスのハチも当然存在する。そんなオスは仕方がないので巣に戻る。しかし、出戻りのオスは巣にとって必要ないので冷たく扱われる。働きバチから餌も満足にもらえず、邪険にされ、やがて巣の隅に追いやられて息絶えてしまう。ミツバチの巣の底にはそんなオスたちの死骸が転がっている。生物におけるオスとメスの役割が如実に分かるのが、ハチの社会なのである。オスの役割は女王バチの遺伝子を、他の女王バチに手渡すこと。つまり遺伝子の使い走りなのだ。その役割を終えれば即死し、その役割を果たせなければ餓死する運命にある。

他の生物においても、オスの役割は基本的に同じだ。さすがに、ミツバチのオスのように交尾を終えると息絶えることはないにしろ、母の遺伝子を別の女性のもとに運ぶことには変わりがない。そして進化的に見ると、メスが生命の基本形として最初に存在していた。メスが誰の力も借りず、メスを生み、それが連綿として続いていた。ただし、この仕組みにはひとつだけ問題があった。生命が縦糸でしかつながれない、ということである。環境が良ければ、この方法で何の問題もないが、地球環境は常に変動している。その変化に適応するためには、生命の方も絶えず変化を積極的に生み出す必要がある。つまり、縦糸だけで受け渡されていた性質を、時々横糸でつないで、交換したり混ぜ合わせたりする必要がある。この必要のために生み出されたのが、遺伝子の運び屋としてのオスなのである。

中島みゆきの名曲「糸」では、♫縦の糸はあなた　横の糸は私♫　と歌われているが、歌っている「私」が女性だとすると、これは逆で、生命の基本としての縦糸は、女の私であり、それをつなぐ横糸が男のあなた、ということになる。

ヒトの胎児の染色体型は、XX型とXY型になる。その確率はほぼ半々である。卵子はすべてX染色体を持つが、それと出会う精子にはX染色体型とY染色体型があり、一回の射精に含まれる数億の精子のうち半数がX型、半数がY型で、どちらが先に卵子と出会うかはほぼ偶然による。

しかし、精子と卵子が出会って受精卵となり、細胞分裂を繰り返し、徐々に胎児となっていくプロセスの、最初の7週ほどの間、ヒトの胎児は、その染色体型によらず、すべて女性の姿形をとる。このあと、Y染色体を持った胎児の身体の中で、本来、女性になるべき諸器官が作り替えられることによって初めて男性が誕生する。つまり、アダムがイブを作ったのではなく、イブがアダムを作った。あるいは、フランスの女性哲学者ボーヴォワールは、「人は女に生まれるのではない。女になるのだ」と言ったが、これも生物学的に見ると逆で、「人は男に生まれるのではない。男になるのだ」と言える。女性こそが生命の基本仕様なのである。

生物の世界では、こうした基本原則に従って、ミツバチに限らず、ほとんどすべての生物は、女性（メス）が基本形として存在し、男性（オス）は、その従属物としてある。生物種によっては必要なときだけオスが作り出される。例えば、アリマキという小型の昆虫は、春から夏にかけて季節のよいときはメスがメスを生むことで旺盛に繁殖する。メスの体内には次のメスが形成されていて、その体内には次の次のメスが作られつつある。ところが秋になりだんだん気温が下がってくるとアリマキのメスは、初めてオスを生む。オスは、まるまると太っていたメスに比べて細い身体でいかにも弱々しい。

しかしオスには、メスにはない羽がある。つまりこの羽を使って遠くへ飛んでいき、メスの遺伝子を別のメスのところに届けなさい、というのがオスの役割なのである。ここでもオスは遺伝子の使い走りである。役割を終えるとオスは死に、次の年の春に卵から生まれてくる個体はすべてメスとなって、メスだけの世界が再現される。

にもかかわらず、どうして人間の世界だけは、男性（オス）がこんなにも威張っているのだろう。時代を遡れば、少し前までは男尊女卑の考え方はごく普通のものだった。政治でも、経済でも、学問でも、男性が主導権を握り、男性が多数派を独占してきた。女性には選挙権も、教育の機会も、経済的自立の道も、十分に与えられていなかった。女性が参政権を獲得し、男性だけを入学させていた高等教育の門戸を開き、男女機会均等の法整備を得たのは、歴史上、ごく最近になってからのことだといってよい。生物学的に見れば、あとから作られた男性が、なぜ人間の社会ではこれほどまでに増長しているのだろうか。

ここから先は、私の仮説になるが（暫定的に、「かぐや姫仮説」と呼ぼう）、人間だけがこのような社会構造を作り出したのは、何も男性が優れていたからではない。むしろ男性が生物学的に見て、副次的な存在であるがゆえに、作り出された構造だからだと考えられる。生物のメスは、そこにいるだけで存在理由がある。次世代を生み出し、種の存続を担うものとしてメスは生命にとって絶対的かつ普遍的に必要な性である。対してオスは、ただいるだけでは存在の理由にはならない。遺伝子を運ぶことがその第一義的な役割だが、それだけでは足りない。おそらくメスは、遺伝子を運ぶためにやってきたオスに対して、それを簡単に受け入れることはせず、さまざまな条件を提示したことだろう。ちょうどかぐや姫が、求婚者に対して無理難題を課したように。

食料を安定的に供給してほしい、母子が安心して暮らせる住居を作ってほしい、自分たちを守ってほしい、衣類や装飾品も運んできてほしい……これは優秀な遺伝子を持つオスを見分けるためのスクリーニング方法でもあったはずだ。優秀なオスとは、つまりメスにとって有用なオスということである。

オスたちはこの要求を実現するためにさまざまな努力をしなければならなかった。そしてこれが自分たちの存在理由を証明する行為そのものになった。そのため、ときに競争、闘争をすることがあっただろう。が、大きな獲物を得るために協力したり、互いに取引や貸し借りが必要になったりすることもあっただろう。これが社会制度を生み出すことにつながった。契約や商行為の起源がここにあり、これを保証するために法律や経済や貨幣が生み出された。そして何より、約束を保証するための言語が発達した。だから現在の社会制度のもとになる枠組みは、生物学的には、メスのためにオスが必要に迫られて作り出したものと言える。それゆえ、社会制度において、オスが主導権を握っているのはある意味、進化的に見て当然のことなのである。ただ、これがオスにとって自己目的化して、自らの主導権と富を保全しすぎたことに対して、メスが異議を申し立てている、というのが現在の私たちの社会状況である。そういうふうに解釈することが可能なのではないだろうか。

女が、女だけで、女のために祈り続けている場所がある。それは私の万博に大きな気づきを与えてくれることになる。

光で描く、利他の生命哲学

パビリオンの中の展示装置、光の粒子によるインスタレーションシステム「クラスラ」で表現する利他的な生命進化の物語の準備も、着々と進められた。展示演出ディレクションを担当する、デザインエンジニアの緒方壽人氏を中心に、同じくデザインエンジニアの伊東実氏、大澤悟氏、ビジュアルデザイナー・モーションデザイナーの小林諒氏、サウンドデザイナーの小山慶祐氏、プロトタイピングエンジニアの成田達哉氏、インダストリアルデザイナーの中森大樹氏、グラフィックデザイナーの弓場太郎氏、CGデザイナーの小松怜奈氏、プロジェクトデザイナーの髙井勇輝氏など、Ｔａｋｒａｍの精鋭スタッフが真摯に取り組んでくれた。

まず最初の試作機は、Ｔａｋｒａｍのオフィスがある原宿のビル内に設置された。そこで何度もテストが繰り返された。光の粒子は、明るすぎると繁華街のイルミネーションみたいに広がった光のリングに見えて全体像がぼけてしまう。できるだけ弱い光の点群にした方が効果的だということが分かった。弱い光の方が、点と点を結びつける視覚の補償作用がよりよく働き、対象は何であるか認識しやすくなる。つまり私たちは目で見ているというよりは、脳でものを見ているのだ。

できるだけ弱い光の中で、繊細な強弱のグラデーションを表現するためのＬＥＤの選定と回路設計が行われた。また、細胞や生物の像は、それが動いているときほど、よく視認することができることも判明した。これは人間だけでなく生物一般の視覚に言えることだが、視覚は動いているものの方によく反応するのだ。それは敵の襲来や餌の動きなどを追うことが生存にとって重要な要素だったことに直結している。

この試作機による実験がほぼ成功した段階で、クラスラをさらにスケールアップした試験装置が作られることになった。これはもう都心のオフィスの天井高には収容しきれないので、埼玉県にある資材倉庫が秘密の実験室になった。ここは展示施工会社の丹青社が見つけてきてくれた場所である。ここで実際のクラスラの16分の1ほどの骨組みが作り上げられ、ＬＥＤ基板が取り付けられた。明るいところで目視するとそれは一見、細い枯れ木が並んだヤブのように感じられる。暗くしてＬＥＤが淡く点灯すると、一挙に星空のような幻想的な光景が浮かびだした。私が実験の実地見学に行ったのは、記録を見ると、２０２３年6月28日のこと。

そこからさらに試験が繰り返されたあと、いよいよ実際の万博会場にほど近い、咲洲の物流倉庫の一隅を借りて、本番と同じ直径10メートル、高さ2・5メートルほどのクラスラの本体を組み上げて最終的な実験を行うことになった。ここで最終調整を行い、これをいくつかの単位ユニットに分解し、実際のパビリオンに運び込む。

２０２４年11月26日、この物流倉庫に、メディア各社を呼んで、クラスラの実機を初公開した。およそ50人の取材者がやってきて見学することになった。Ｔａｋｒａｍの代表・田川欣哉氏と私は、事前に装置と映像の全容を見ていた。「すごいものができましたね」と田川氏が言った。取材陣を前に、私は内心「どーだ」という気分だった。光の点群が織りなす利他性の生命絵巻。これはここでいくら言葉を尽くしても、実物を見てもらう以上に、その粒立ちを伝えることは不可能である。

以下に、いのち動的平衡館のナレーションを記載する。実験段階では、ＡＩによる自動音声で映像の動きとの調整を行っていたが、本番用に、プロのナレーターにお願いしてナレーションを収録した。ナレーションはクラスラの光に合わせて、最初に英語、それを追って日本語が流れる。

英語はＣｈａｒｌｅｓ Ｇｌｏｖｅｒ氏、日本語は後藤波氏にお願いした。いずれも著名な方である。

Where did we come from and where are we going?
私たちはどこから来て、どこへ行くのでしょうか。

Life is an ephemeral existence in an ever-shifting flow, constantly rebuilding itself while breaking down.
生命とは、絶えず自らを壊しながら作り続ける、うつろいゆく流れの中の一時的な存在です。

And this ephemeral existence called life has been passed down without interruption.
そして、そんな一時的な存在であるいのちは、途切れることなく受け継がれてきました。

The epic story began 3.8 billion years ago when life first emerged.

38億年前、生命が生まれたときから、その物語は始まります。

This is not a history of struggle for survival, but a history of cooperation to continue life itself.

それは、生き残りをかけた争いの歴史ではなく、いのちをつなぐ協力の歴史なのです。

Small cells living on within larger cells.

小さな細胞が大きな細胞の中で生き続ける。

Numerous cells cooperating with each other.

たくさんの細胞が、互いに協力しあう。

Different lives meeting, and giving birth to a new life.

異なるいのちが出会い、次のいのちが生まれる。

It was not through selfishness, but rather through altruism, that diverse forms of life emerged.

こうして、利己よりむしろ利他によって、多様ないのちが生まれたのです。

In the sea… On the land… In the sky…

海に。陸に。空に。

Animals and plants. Microorganisms and large organisms alike.

動物も植物も。微生物も大型生物も。

We too are a part of this diverse stream of lifeforms, woven together without interruption through the epochs.

私たちもまた、こうして途切れることなく紡がれてきた、多様ないのちの流れの中に連なっているのです。

私は満足だった。クラスラは私の動的平衡の生命論、利他性の生命哲学を十全に表現してくれていた。一方、私は奇妙な不全感に囚われていた。まだ何かが足りない。いのちがなぜ輝くのか、それを解くためにはもうひとつ答えなければならないものがある。それを見つけなければならない。

「岡本太郎の沖縄」をたどる

岡本太郎の恋い焦がれた縄文人の生命観に満ちあふれていた奔放なパワーは、その後どこに行ってしまったのか。岡本太郎はそれを探す旅を続けた。日本列島に渡ってきて縄文文化を展開した縄文人は、芸術的な火炎土器、不思議な土偶、あるいは何千年にもわたって建造し続けられた巨大な建造物などに見て取れるように、極めて独創的な文化を持っていた。ところがその後の日本史では、この流れは消えてしまった。なぜか。あとからやってきた弥生人たちによって塗り替えられてしまったのだ。弥生時代に、稲作などの技術を持って日本に侵入してきた大陸系の民族＝弥生人が日本列島を支配し、縄文人たちは追われて北方と南方に逃げ延びることになった。それがアイヌ文化と琉球文化の基礎となった。これは歴史学者・梅原猛らの説である。大筋ではそのとおりだったが、一方、現代のＤＮＡゲノム解析によって修正されうる部分もある。縄文人と弥生人はかなりの程度、混血していた。

とはいえ、現代日本人のゲノム内には縄文人のゲノムの含有率はかなり低い。そして、その理由は定かではない。多くの縄文人が弥生人によって虐殺されたか、放逐されてしまったという説は完全には否定できない。

ゲノム解析を行うためには、縄文人、弥生人の遺骸から微量のＤＮＡを抽出し、その断片的な情報を集積してゲノムを再構成しなければならない。長期間にわたって地中や水中にあった遺骸には、さまざまなノイズＤＮＡが混入しており、それらを取り除く作業も慎重に行われる必要がある。

古代人ゲノム解析技術の基礎を打ち立てたのは、沖縄科学技術大学院大学の教授、スバンテ・ペーボ氏である。彼はこの方法で、現代人（クロマニヨン人）のゲノムの中に４％ほどのネアンデルタール人ゲノムが含まれていることをつきとめた。ペーボ氏はこの業績により、２０２２年のノーベル賞を受賞した。日本人の起源を探る研究もこの方法に準拠している。

岡本太郎の旅は必然的に沖縄に向かうことになった。岡本太郎が沖縄に通い出したのは、まだ沖縄が米軍の占領下にあり、本土に復帰していない時期だった。彼はこんなふうに書いている。

今日、日本の内部はまったく同質化してしまっている。多少のニュアンスをのぞいて、北から南まで、顔つきから服装、生活の中における意識、道徳感、それを条件づける生活環境も、またほとんど変りがない。ところが沖縄は、まったく異質の天地なのだ。本土とはまるで違っていながら、ある意味ではより日本である。あの輝く海の色、先ほども言った沖縄の人たちの人間的な肌ざわり。もちろん、あの「沖縄時間」を含めて。本土の一億総小役人みたいな小ぢんまりした顔つきにうんざりした人は、沖縄のような透明で自然なふくらみ、その厚みのある気配にふれて、自分たちが遠い昔に置き忘れてきた、日本人としての本来の生活感を再発見すべきなのである。

（岡本太郎『沖縄文化論 忘れられた日本』中央公論新社）

特に彼が関心を持ったのは久高島だった。ここには日本人が〈遠い昔に置き忘れてきた〉もの、〈本土とはまるで違っていながら、ある意味ではより日本である〉ものが残されていた。

彼は書いている。

久高島の印象は、沖縄の旅のなかでも、もっとも神秘的なものであり、この気韻はまだ、からだのなかに響きつづけている。

私も岡本太郎の足跡をたどって、2023年と2024年に、久高島を訪問した。那覇から車で小一時間、沖縄南部の知念半島・安座真港からフェリーが出る。チケットの販売所を兼ねた売店では、たくさんのネコがのんびりと昼寝をしていた。島はすぐ目と鼻の先に見えるというのに、フェリーは大きく揺れ、デッキに出ると強い風が吹いている。強い潮が流れているようだ。フェリーは、およそ30分ほどで島に到着する。久高島側の港は徳仁港。周囲には取り立てて何もない。平坦な土地が広がり、わずかな石垣で囲まれた家々があり、細い通路がある。他には目立ったものは何もなかった。しいて言えば控えめな清潔さと平穏だけがある。久高島は、周囲約8キロ。細長く平たい島である。現在の人口は二百数十人。青い海と砂浜に囲まれているにもかかわらず、沖縄の他の場所のように観光化は全くされておらず、リゾートもホテルも商業施設もない。

私有地はなく、わずかな耕作地は島人の共有、外部の人間が移住してくることはほとんどない。現代の日本ではありえない場所。ここは古来、神聖な島とされてきた。

島の中に何箇所か不思議な場所がある。森の中に抱かれた秘密の場所、御嶽《うたき》である。島の女たちが、女だけの祈りのための神聖な場所として守ってきた空間。男子禁制である。女たちは髪を洗い、身を清め、白装束を着て、この場所に円陣を組んで座り、祈りを捧げた。

岡本太郎は、島の長老、久高ノロの許可を得て、御嶽のひとつを特別に見学させてもらえた。

私を最も感動させたのは、意外にも、まったく何の実体も持っていない――といって差支えない、御嶽だった。御嶽――つまり神の降る聖所である。この神聖な地域は、礼拝所も建っていなければ、神体も偶像も何もない。森の中のちょっとした、何でもない空地。そこに、うっかりすると見過してしまう粗末な小さい四角の切石が置いてあるだけ。その何にもないということの素晴らしさに私は驚嘆した。これは私にとって大きな発見であり、問題であった。

彼はこうも書いている。

日本の古代の神の場所もやはりここのように、清潔に、なんにもなかったのではないか。おそらくわれわれの祖先の信仰、その日常を支えていた感動、絶対感はこれと同質だった。でなければこんな、なんのひっかかりようもない御嶽が、このようにピンと肉体的に迫ってくるはずがない。

これは明らかに、日本の古層、縄文人たちの自然観のことを言っている。岡本太郎は、沖縄の清らかさを、あるいは久高島の何もない場所を、日本の近代文化へのアンチテーゼとして捉えた。神殿や御神体といった具体的な偶像によって、形式主義、権威主義へと堕落していった日本文化に対する強烈な反撃として日本の古層にある生命観を回復したいと願った。

そういえば、太陽の塔の黄金の顔も、地底の太陽の顔も、目のようでいて目でない穴があいていた。穴とは何もないこと、ヴォイドということである。何もないことは何を意味するのだろうか。

私も今回、島の案内人にお願いして御嶽のひとつを見せてもらえることになった。久高島最高の聖地であるフボー御嶽は、今でも立入厳禁になっているが、久高を表象する儀式イザイホーが途絶えてしまった現在、いくつかの御嶽は案内者がいれば見学することが可能なのだ。

高々としたクバの樹が頭上に生い茂る林の中に、かすかな踏み跡があり、倒木を乗り越え、ツルをくぐりながら進むと、突如、円形の空間に出た。まわりは鬱蒼とした樹木に覆われているが、そこだけは平らかな空き地になっていて一面に落ち葉が散っている。本当に何もない。ここが女たちの祈りの場所、御嶽なのだ。

そのときだった。一陣の風が円形空間の一方向から吹き上がってきた。そして反対方向へ抜けていった。それに続いて大きな潮騒の音が聞こえてきた。海が近いのだ。その音と風が御嶽を通り抜けていったのだ。御嶽に何もないことの意味が、分かったような気がした。ここは通路なのだ。ヴォイドであると同時にパッセージでもある場所。人間が、本来、属する場所を確かめるための通路。その交信を妨げないために、ここには何も置かれるべきではなく、置かれる必要もない。何もない場所、ヴォイド＝パッセージを通して、私たちは生と死に接することができる。

イザイホーは秘儀である。12年に一度、島の30歳以上の既婚女性（ナンチュと呼ばれる新入り者）が、守護力が備わった神女《タマガエー》になるための儀式が執り行われる。儀式は、島に2人いる最高職の巫女ノロが主催し、それぞれの階級に分かれた巫女集団が補佐する形で、新たなナンチュをニルヤカナヤ（他界）から迎えた来訪神に認証して神女にしてもらうという形式を取る。

ナンチュたちは、イザイホー本祭の一ヶ月前から島に７箇所ある御嶽に参拝し、それぞれ神の名をもらう。本祭は午年・旧暦の11月15日から４日間執り行われ、厳密な進行や様式が取り決められている。白装束に身を包んだナンチュたちは「エーファイ　エーファイ」と連呼しながら、島の中央にある御殿庭《ウドンミャー》に設けられた神《ハン》アシャギと呼ばれる拝殿に駆け込み、また駆け出してくる。これを７回繰り返す。神アシャギの前には七ツ橋と呼ばれる橋が架けられており、これはこの世とあの世をつなぐ通路だとされる。ナンチュの中にもし不貞を働いた者がいると、この橋渡りの際、転がり落ちてしまうという。神アシャギに入ったナンチュたちは神歌を歌い、その後奥に作られた七ツ屋に籠もる。七ツ屋は他界であり、ここでのことは一切見ることも聞くこともタブーとなる。

イザイホーの意味やその起源は明らかではない。琉球王朝の記録によれば少なくとも６００年の歴史がある。それ以前に起源があるのかもしれない。ここには神道や仏教など他の宗教とは全く異なった原始的な自然崇拝が見て取れる。何千年にもわたって巨大な造形物の構築に参画し続けた縄文的な悠久の時間を感じさせてくれる。

残念なことにイザイホーは、戦後、１９５４年、１９６６年、１９７８年と12年ごとに行われたあと、儀式の詳細を知るノロ補佐役や新入り者ナンチュなどの後継者がいなくなったことが理由で、１９９０年の開催年に実施ができなくなった。以降、２００２年、２０１４年の開催年にも行われなかった。

私は、1978年に収録された映像から、イザイホーの雰囲気を垣間見ることができた。祭りは神聖な雰囲気の中、粛々と執り行われるが、歌や動きは溌剌としている。新しい神女を迎えると急に華やかな雰囲気となり、最後は島人たちの喜びのうちに終わる。祭りは終始、女たちの主催のもと、女たちを主役に進行する。男たちは補佐役でしかない。

御嶽を女性だけの祈りの場所としていること、イザイホーの主体が女性であることは、生命の基本仕様が女性であること、子どもを生み、授乳できることが、生命として優位にあるという自然観を表象しているものであろう。このことは岡本太郎も自明のものとして気づいていたはずだ。太陽の塔には胎内があり、そこには生命の樹が据えられていた。

しかし岡本太郎は、他でもないこの久高島で致命的な誤りを犯してしまうのだ。1966年12月、イザイホーの取材で久高島にいた彼は、沖縄の新聞記者の誘いに乗って、後生《グソウ》を訪れ、あろうことか写真を撮り、それを後日手記とともに雑誌に発表してしまった。それは今も読むことができる。

後生に案内してくれるというのだ。島の風習で、死者のなきがらは西海岸の一定の地域にさらしておく。「風葬」である。このまえ来たときには、島人たちがそこをよそ者に見られるのをいやがるというので、つい、ゆきそびれてしまったのだ。

集落を離れ、南北に細長い島の、西海岸にそった道を急ぎ足に行く。海岸は絶壁、密生した阿檀林がその上におおいかぶさっている。十五分ほど歩いたろうか。林の間をくぐって、岩づたいにおりる。そこの岩陰に、鮮やかな彩りの琉球焼きの骨壺が幾つも幾つも、無秩序に置かれていた。こわれた素焼きの壺もまじって、白い骨がのぞいている。

後生だ。私にとってながい間秘密だった原始的葬制。

えぐれた絶壁で、上からはうかがえない。前には屛風のように、巨岩が立って海上からの眺望をさえぎっている。けわしい自然に抱き込まれて、禁制の死の地域は無言だ。

さらに岩のわれ目を深みに入ってゆくと、白々とシャレコウベが三つ四つ。木製の寝棺が傾いて、ふたが外れ、その中にきちんと寝かしたままの姿で骨が見える。膝のあたりには絣の布が、意外に鮮やかに、生活の思い出をとどめてピラピラとはためいている。

残酷でありながら浄らかだ。強烈な世界である。

だが、性急に焼かれたり、埋められるよりも、このように悠久の時間の中にさらされて消えてゆくというのは正しいような気がする。

（岡本太郎『沖縄文化論 忘れられた日本』中央公論新社）

この行為は島人たちに衝撃を与えた。よそ者が、秘密の場所、風葬地に侵入し、死者の写真を撮っただけでなく、それがよりによってもっとも神聖なイザイホーの最中、つまりハレの日に行われたことが大問題となった。岡本太郎は大きな非難を浴びることになる。岡本太郎は事実上、二度と久高島に入ることは許されず、一方、島では以降、風葬を取りやめざるを得なくなった。

島には古来伝わる葬送の歌がある。これはもちろん島の言葉で神女たちによって歌われるのだが、現代文に書き下ろすとこうなる。

1. 年が余りました
2. ティラバンタにきました
3. 干潟は
4. 波が立つ
5. 波の干潟は
6. 煙が立つ
7. ニルヤリューチュにきて
8. ハナヤリューチュにきて
9. 金盃をいただこう
10. 銀盃をいただこう

(比嘉康雄『日本人の魂の原郷 沖縄久高島』集英社)

1、2節の意味は、寿命になり葬所に来ました、である。では、3〜6節の描写は何を意味しているのだろうか。比嘉が、島の最高位の神職者「外間《ほかま》ノロ」の補佐役ウメーギの西銘シズから聞き取った意味は恐るべきものだった。「3～5節は、死者の肉体が腐乱し溶けていくさまを、ユタユタと立つ干潟の小波にたとえて歌ったもので、6節は溶解した肉体が煙となってとんでいくのだ」

風葬によって遺体が徐々に自然に戻っていく様子を如実に実感しているがゆえの表現である。7、8節は、死者の魂が戻っていく神界ニルヤハナヤ（沖縄の別の場所ではニライカナイとも記す）のことで、9、10節は、そこにいる始原の神々から祝杯をいただくことを指しているという。

ちなみに、風葬の地は、島の西側の崖地にある。一方、生命の源であると同時に、神々の空間でもある聖なるニルヤハナヤは、太陽が昇る東の彼方にあるとされる。死者の魂はどのようにしてニルヤハナヤに達するのだろう。太陽は西に没すると「ディダガアナという太陽の穴に入り、地底をくぐり抜けて東方に至る。そういう太陽の循環が考えられていて、それにあてはめて、上昇した魂はまっすぐそのまま東方のあの世に行くのではなく、太陽の没する軌道に沿って、つまり地底をくぐり抜けて東方のあの世に行くということから、葬所が太陽の没する方に自然に想定されたのだろう」（前掲書による）という。太陽の循行とともに、地底で死が浄化され、次いで再生される。久高島の死生観は、まさに「自然のダイナミズムの中に」あったのだ。

私はこの話を読みながら、まっすぐに岡本太郎の太陽の塔のもとにあった「地底の太陽」を思い出していた。そして地底の太陽がなぜ包帯をまとったミイラのような顔をしていたのか、ようやく分かったような気がした。彼は生のすぐそばにある死を見据えていたのだ。

久高島のもっとも大切な日に、もっとも重い禁忌を犯した岡本太郎の蛮行を弁護するつもりはない。でもこれだけは言える。この地で、生命の原初的な息吹に触れたとき、岡本太郎は生命のもうひとつの顔に向き合う、純粋な衝動を抑えることができなかったのだ。生の写し鏡としての死。

久高島にはこのおびただしい死と、ささやかな生の営みが、透明な比重の層となって無言のうちにしりぞけあっている。生はひっそりと死にかこまれ、死が生きているのか、生が死んでいるのか。生と死のいずれが実在なのか、ふと錯覚する。映画のスクリーンに、瞬間にネガとポジが交錯して映し出されるとき、奇怪な実体が浮きだしてくる、あのセンセーションだ。しかしあたりは限りなく明るい光の世界。清潔だ。天地根元時代のみずみずしい清らかさ、けがれなさはこのようではなかったか。

（岡本太郎『沖縄文化論 忘れられた日本』中央公論新社）

風葬の跡地は、今も残されているという。私は、久高島の案内人に頼んで、そこを見せてもらうことにした。岡本太郎が見た最後の風葬から約60年が経過した今となっては、その場所は潮風にさらされた、ただの荒れ地でしかない。木々の切れ目から大きな岩を伝って下におりると小さな空間に出た。そこだけがわずかな平地になっていた。その向こうは西の海に向かって急な崖になっている。あたりには、ごろごろとした石が一面に転がっていて木陰には黒い壺が打ち捨てられていた。中には何も入っていない。この場所に遺体が置かれ、干潟に波が立つように崩れていったことを思わせるものは何もない。長い年月の間、日光に漂白されてすべては消えてしまった。私はその場所に、黙ったまましばらくの間佇んでいた。死者たちに対する礼儀は沈黙でしかないような気がした。

ふと足元に視線を向けたとき、私はどきりとした。小石に交じってそこに落ちていたもの。それは明らかに石ではなかった。私はかがんでそれに近づいてみた。間違いない。人骨の破片だった。おそらくは腰椎の一部ではないだろうか。何もないはずのこの場所に、にわかに死の気配が立ち込めてきた。風葬は終わっていない。褐色の蝶が、どこからともなく飛んできて、そのままひらひらと梢の上に消えていった。

いのちを輝かせるもの

「いのち動的平衡館」に足りないもの。それがようやくはっきりと分かった。それは、死への問いかけである。いのちとは何かに答えるには、いのちを知るためには、死の意味を問わなければならない。

人間とは不思議な生物である。脳を肥大化させたおかげで、経験から同一性を抽出して法則化し、特殊を集めて一般化し、本来はすべてが一回性の偶然である自然の中に、因果律を生み出した。つまり、本来、アンコントローラブルな自然《ピュシス》を、コントローラブルな論理《ロゴス》に変えた。ロゴスとは、言語、構造、アルゴリズムといってもよい。それは科学でもあり、テクノロジーでもある。このロゴスの力で、ピュシスを、客観視し、外化し、相対化した。過去から未来を予言できるようにした。

ロゴスこそが、人間を人間たらしめた最大の力である。このことで、風が吹けば飛ばされ、雨が降れば流され、日照りが続けばただ息絶えるだけの、他の生き物とは一線を画した生命を手に入れた。

それだけではない。ロゴスの作用の一番の成果は、遺伝子の掟から逃れたことである。遺伝子の掟とは、産めよ増やせよ地に満ちよ、である。つまり種の保存だ。しかし人間は、ロゴスの力によって遺伝子の命令を相対化した。そして、種の保存よりも、個の価値に重きをおけた。種の束縛よりも、個の自由を選びとれた。個の生命が尊重され、その結果、文化や文明、社会や芸術や遊びやスポーツが生み出された。つまり個が余裕と豊かさを得た。

科学は、ロゴスの輝かしい勝利である。その中でも、分子生物学がこれほどまでに科学の王座を勝ち得たのは、遺伝子をロゴスとして扱うことができたからだ。遺伝子はデジタル信号の配列で、それを書き換えれば、アルゴリズムが変更され、結果も変わる。生命の本質は情報である。そう高らかに宣言した。ロゴスの力が生命をロゴス化したのだ。

生命を情報と見すぎたこと、ロゴス化しすぎたことが、一体何をもたらしたか。ロゴスの作用の一番の弊害は、自らの生命が、そして自らの身体が、もっとも不確かな自然《ピュシス》であることをすっかり忘れてしまったことである。ロゴスは、ロゴスで制御できないこと、予測できないことを極端に恐れる。それは、ピュシスが本来的に持つ、不確かさ、不安定さ、気まぐれさだ。それゆえ、ロゴスは、そのようなピュシスの振る舞いをできるだけ遠ざけようとした。視界から消そうとした。

その最大のタブーが死である。個体にとって最大の恐怖は個体の消滅、死である。死は生の剥奪であり、個の自由を中断する害悪である。ロゴスによって肥大した私たち個はそう考える。しかも死は、不意に、しかし必ずやってくる。ロゴスにはこの不確かさが耐えられない。だから私たちは、これを恐れ、かわし、あらん限り先延ばししようとする。手塚治虫の『火の鳥』が象徴する如く不老不死を願い、長寿を祈念し、延命にすがろうとする。けれどもそれは、永久機関を希求することに似た、無駄な抵抗なのである。レジスタンス・イズ・フュータイル。

死は等しく、必ずやってくる。遅かれ早かれやってくる。

生命体が、動的平衡によって、いかにエントロピー増大の法則に先回りして、自らを分解し、無秩序になろうとする秩序を再構築しても、宇宙の大原則であるエントロピー増大の法則に、局所的、一時的にあらがうことはできても、この法則を覆すことはできない。

動的平衡は、少しずつエントロピー増大の法則に凌駕されていく。細胞膜は徐々に酸化され、タンパク質は変性して沈澱し、老廃物が細胞内に蓄積していく。動的平衡は、これらエントロピー増大の圧力に少しずつ後退を余儀なくされる。老化とはそのような自然のプロセスである。老化を異常や病気と捉え、これを除去さえすれば延命できる、あるいは不老不死が得られるとする考え方は、エントロピー増大の法則を理解していない思考である。老化細胞を除去しても、正常な細胞が次々と老化していくだけである。

個を個として、セルフをセルフとして、その生に固執しすぎたせいで生命本来の振る舞い方が見えなくなってしまったのだ。

ロゴスによって肥大化した個から少しだけ離れて、ピュシスの側から見ると、死は異なったものに思える。人間以外の生命体——つまりロゴスを持つことのない生物たち——は、死を全く恐れていない。死から逃げようともしない。それぞれ全き生を生き、時がくれば淡々と死を受け入れる。それは彼らが個としては生きておらず、すべてが自然《ピュシス》の側に属しているからだ。それぞれの生は時間とともに粒子化され、散らばり、流れの中に戻り、再びどこかの新しい生命活動に参画する。

おそらく縄文人たちは——少なくとも現代の私たちよりも——ピュシスの側にいて、この自然観・生命観を共有していたことだろう。崩れゆく遺体を風にさらして見送っていた久高島の人々もまた、流れとしての生命、循環するものとしての生命のあり方を、より正確に見据えていたことだろう。

死は、生命にとって新たな進化をもたらすもっとも強い原動力となる。死は次の生を準備する。死があるから次の変化が生まれる。ある生が占有していた時間、空間、資源、つまりニッチを、次の、新しい変化を有する生に手渡す。そして手渡し続ける。こうして個体の有限性は、生命の無限性へと転化される。つまり死は最大の利他的行為となる。

なぜいのちは輝くのか。それはいのちが有限だからに他ならない。死があるから生が輝く。どうせ死ぬのになぜ生きるのか。この問いは、どうせ死ぬからこそ生きるのだ、と言い直される。

いのち動的平衡館ではクラスラの光の粒による動的平衡の物語を見たあと、来場者は、もうひとつのスクリーンへと誘導される。私たちはどこから来て、どこへ行くのか。クラスラがこの問いの前半の答えなら、もうひとつのスクリーンでは、この問いの後半の答えが語られる。

私はここで死について語ることにした。

「死」をテーマにしたパビリオンは、大阪・関西万博の中でおそらく当館だけではないか。岡本太郎でさえ、死の意味に直接答えることはなかった。とはいえ、私は彼のアンチテーゼの精神を継承し、ここに、私のアンチテーゼを提出する。


「いのち動的平衡館」プロデューサー、生物学者の福岡伸一です。

光の粒子が描く38億年の生命のドラマ、いかがでしたか?

絶えずうつろいゆく流れの中で、利己ではなく利他によってつながれてきたいのち。

その流れの中に私たちのいのちもまたあるのです。

ところで、この宇宙には、あらゆるものは壊れ、
崩れていくという「エントロピー増大の法則」があります。

でも、生命は、生きている間、一定の秩序やバランスを保っているように見えます。

とても不思議なことです。

かつて、アンリ・ベルクソンは、
それを「生命には、物質のくだる坂をのぼろうとする努力がある」と表現しました。

坂を転がり落ちるはずのものが坂をのぼり返す。そんなことは本当に起きるのでしょうか?

私は「動的平衡」によってそれが説明できることに気がつきました。

坂を転がり落ちる円の一部を開いて、一方の端を壊し続け、もう一方の端を作り続けます。

そして、合成より分解を少しだけ多くすると、
このように輪っかは、くだるはずの坂をのぼり返していくのです。
これが動的平衡の状態です。
しかも、合成より分解が少しだけ多いので、
輪っかは徐々に短くなり、
やがて消えてしまいます。
それはつまり、生命がいつか
必ず死を迎えることを意味しています。
いのちは有限であるからこそ輝きます。
死は、怖いことでも虚しいことでもありません。
死があるから新しい生があり、進化が生まれる。
死もまた、いのちをつなぐ利他なのです。
私たちのいのちは、利他によって紡がれてきた38億年の生命の流れの中にあるのです。
（「いのち動的平衡館」エピローグ　ナレーションより）

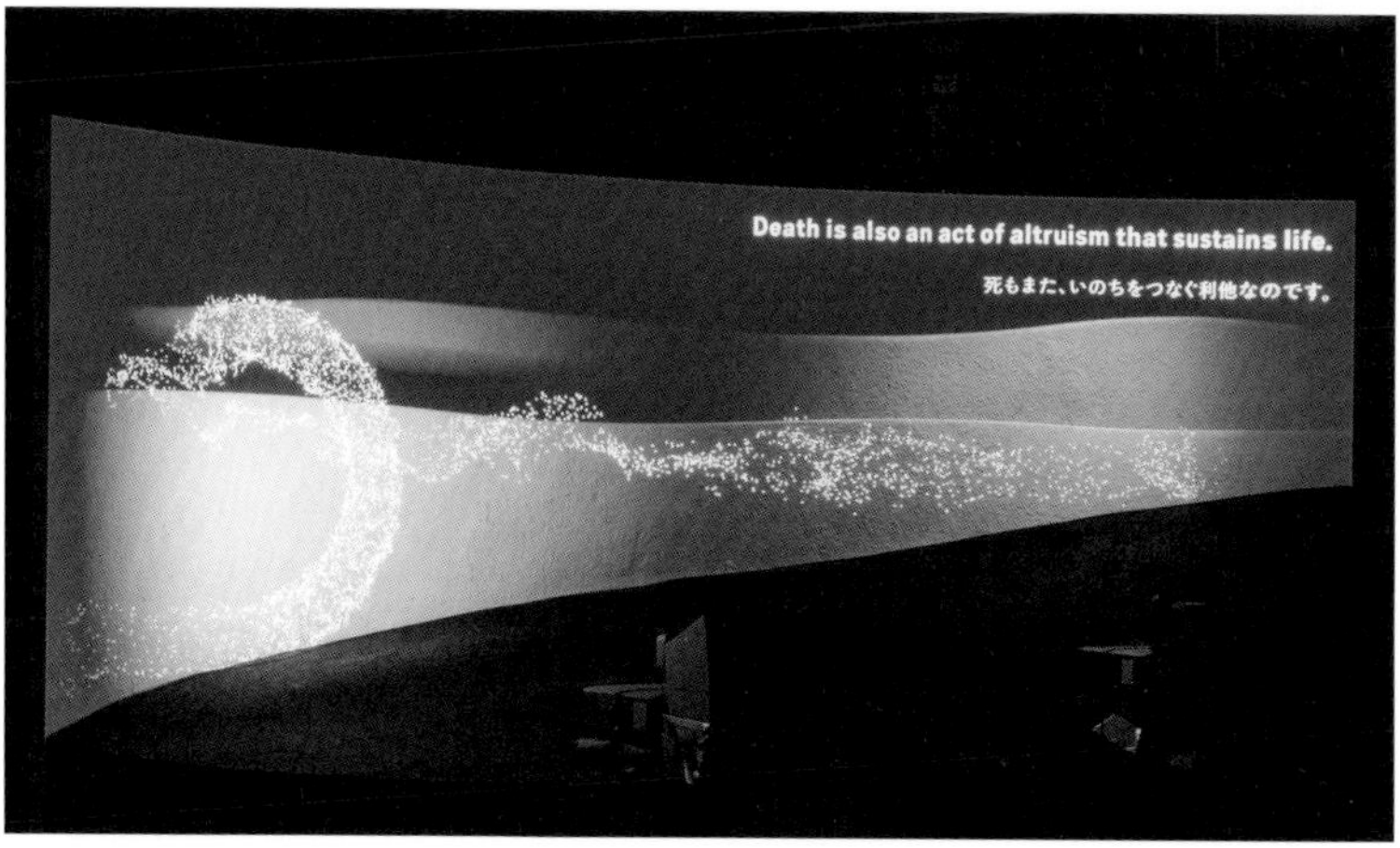

エピローグ映像のイメージ　（提供：2025年日本国際博覧会協会　撮影：西川公朗）

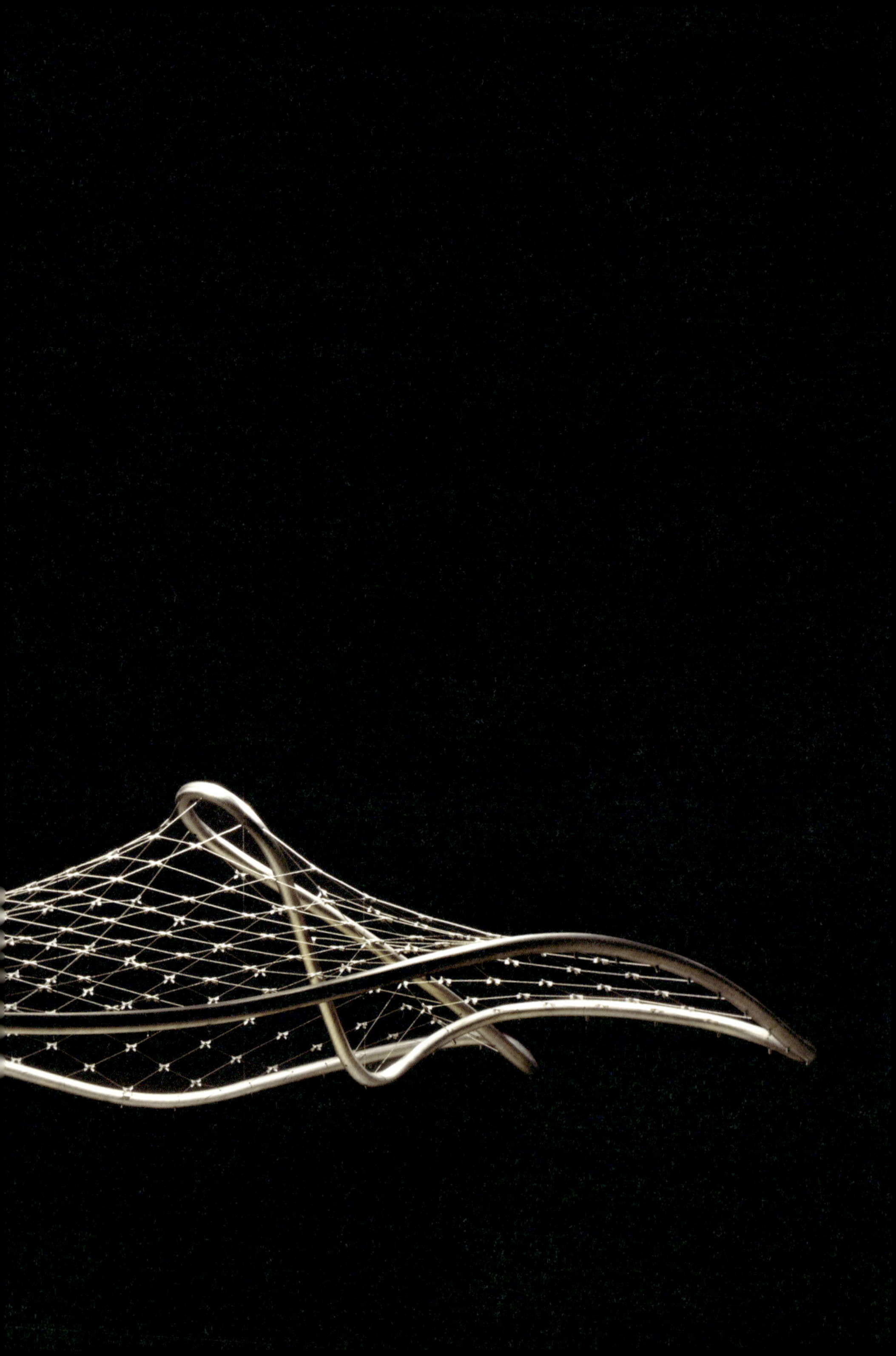

Part2

うつろう建築「エンブリオ」

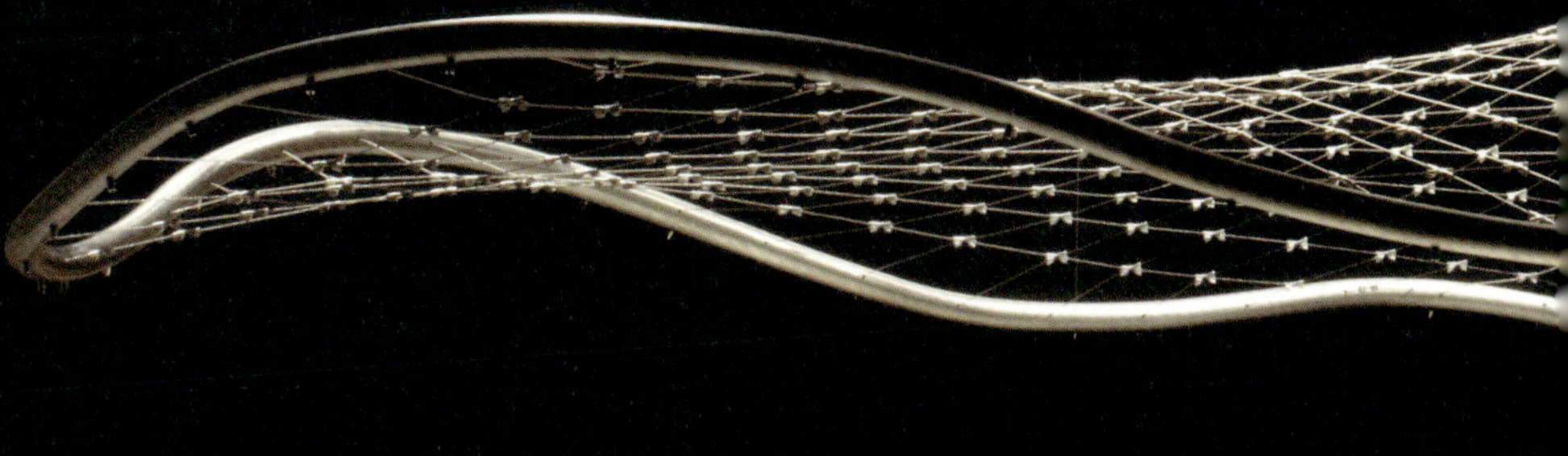

生命と建築

建築家　橋本尚樹

いのちとは何か？

「いのち動的平衡館」は、「いのちを知る」ためのパビリオン。プロデューサー・福岡伸一は「いのちとは〝流れ〟であり、エントロピー増大の法則にあらがい、一生懸命自らを壊しながら作り替え、秩序を維持している。そのけなげな努力こそが、生命を生命たらしめている。無機質な建築もまた、いのちを表現したい」と言う。その不可能とも思える難題に、「建築もまたうつろいゆく流れである」という発想から、弱い部材が集まって互いに力を及ぼし合いながら形を変えてバランスを取るという、画期的なアイデアでパビリオンを実現した建築家・橋本尚樹氏。そのふわりと浮かんだ大きな屋根は、重力や風の流れにあらがうことなく形を変え、むしろその力を借りて動的なバランスを取りながら浮かび上がる。それは生命がうつろう流れの中で立ち現れる自律的な秩序、ひとつの細胞のようでも、無限に広がる宇宙のようでもあり、まさしく生命のもっとも重要な本質「動的平衡」を実現している。

そんなうつろう建築は、どのようにして生み出されたのか。橋本氏に話を聞く。

迷走の一年

初めて福岡伸一先生にお会いしたのが２０２０年、私が独立したのは２０１８年でしたから、独立してまもない私に、このような大役が務まるものかと、正直不安もありました。

ＥＸＰＯ'70では、岡本太郎がテーマ館「太陽の塔」を通して、生命の尊厳を表現し、「人類は進歩も調和もしていない」とアンチテーゼを掲げ、来場者に感動を与えました。福岡先生も感動を受けたひとりとして、２０２５年の大阪・関西万博では、現代の機械論的な生命の捉え方に警鐘を鳴らし、自らの生命哲学「動的平衡」を世界中に投げかけたい、という思いを語られました。

果たして、どんな建築が可能なものか。

あらためて福岡先生の著作を読み返すと、学生の時分に初めて読んだときと同じく、〝自分の存在が肯定されるような安心感〟を思い出しました。生命が、変わり続ける流れであれば、私たちは生きているだけで奇跡のような存在です。この感覚には人の心を穏やかにする、不思議な包容力があるように思いました。パビリオンを訪れる世界中の方々と、この感覚を共有することがテーマになると考えました。私は建築を通じて、いかにこのテーマを表現できるか。挑戦は始まりました。

福岡先生が当初イメージされていたクスサンの繭に倣った生命の塔など、〝生き物の形態〟をヒントに発展させていくようなアプローチや、建築のメタボリズム運動（黒川紀章、菊竹清訓らが主導し、メタボリズム〔新陳代謝〕という生命原理から、変化や成長が可能な都市や建築を構想した運動）に象徴されるような、建築自体が作り替えられていくという〝プロセス〟をヒントに発展させていく案など、いくつものアイデアを提示しては、話し合いを繰り返しました。しかしながら、なかなか納得するような提案には至りませんでした。

半年しかない会期のあとは解体されるという、いっときのパビリオン建築。その上、会場である夢洲は、超軟弱地盤で強風が吹き荒れる過酷な立地条件、そこに建設費の高騰、環境配慮という社会課題への回答、さらには万博に対する後ろ向きな世論など、複雑な与件が絡んでいたことも、設計を難しくしていました。提案をしてはやり直しの繰り返し。気づけばスタートから一年が過ぎ、このままでは、いつまで経ってもたどり着けないのでは、という先の見えない日々が続きました。

こんなに長い間アイデアが生まれないことは稀で、困り果てていたところ、展示チームから、一旦、展示や他の与件など考えずに、ただ自由に建築を発想してみては、と助言をもらいました。ただでさえ焦る気持ちが募る中、それまでの検討に蓋をして、自由に考えることに躊躇はありましたが、当時は藁にもすがる思いでした。とにかくまっさらな頭で向き合うことに努めました。

そして程なく、ひとつのアイデアに出合うことになりました。迷走の一年、無数の提案を繰り返したことで、生命哲学や複雑な与件が無意識化されたのかもしれません。生まれたアイデアはそれらにも応えたものでした。

すべては一本の針金から

土曜の昼下がりに、ふらふらと散歩をして事務所に立ち寄り、手元にあった針金をいじっていたときのことです。輪っかにした針金の両端を、指でギューッと押し曲げていくと、中央部がグッとうねり上がりました。「これだ」と感じた瞬間でした。手に伝わってくる、針金が指を押し返す力と、自然と浮き上がってできた不思議なくびれ。力の流れがそのまま形に現れて見えるようでした。針金の輪の中に、この状態を拘束してバランスを取るテンション系の面を張れたら、針金の下（屋根の下）には、見たことのない不思議な空間ができると確信しました。

浮かんだアイデアを形にして、初めて福岡先生に模型をお見せしたところ、即座に「これでいきましょう」と。ようやく明るい光が見えた瞬間でした。

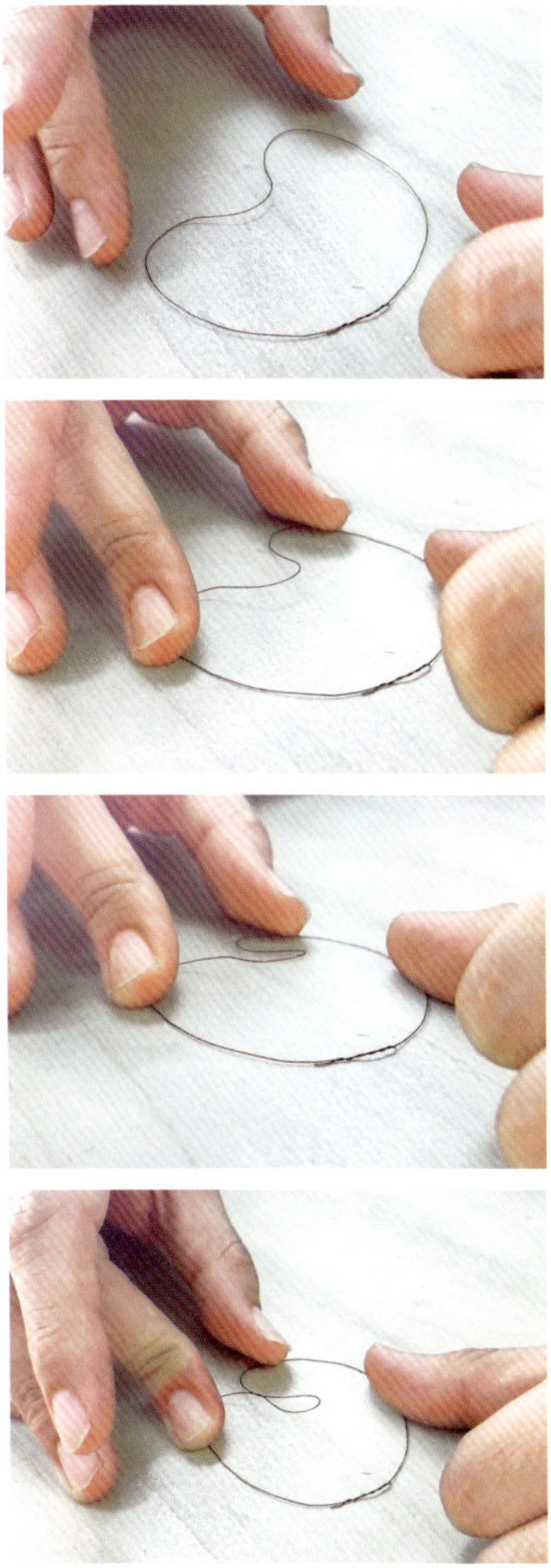

着想の原点は針金のリング　（提供：NHA）

その後、アイデアを前に具体的な検討が始まりました。スタッフの桑原秀彰さんと木村明稔さんに加えて、構造設計は京都大学の同期でもあるＡｒｕｐの富岡良太さん、また、膜構造の専門家である太陽工業、複雑な鉄骨造の設計、製作、施工が得意な日鉄エンジニアリングにも加わってもらいました。まずは私が模型で作った形状を、そのまま構造解析にかけることから始めました。針金の輪は鋼管のリングになり、それらをケーブルで引き合うことで、自立する構造を目指しました。しかし、解析でケーブルにテンションをかけると、うねり上がったくびれの部分がお辞儀をするように垂れ下がってきて、うまくいきませんでした。

　そこで富岡さんが、アイルランド・ダブリンにある斜張橋、サミュエル・ベケット橋を例に挙げ、吊り橋の原理を応用すれば、垂直方向に支える柱がなくても建築が成り立つのでは、とアイデアを

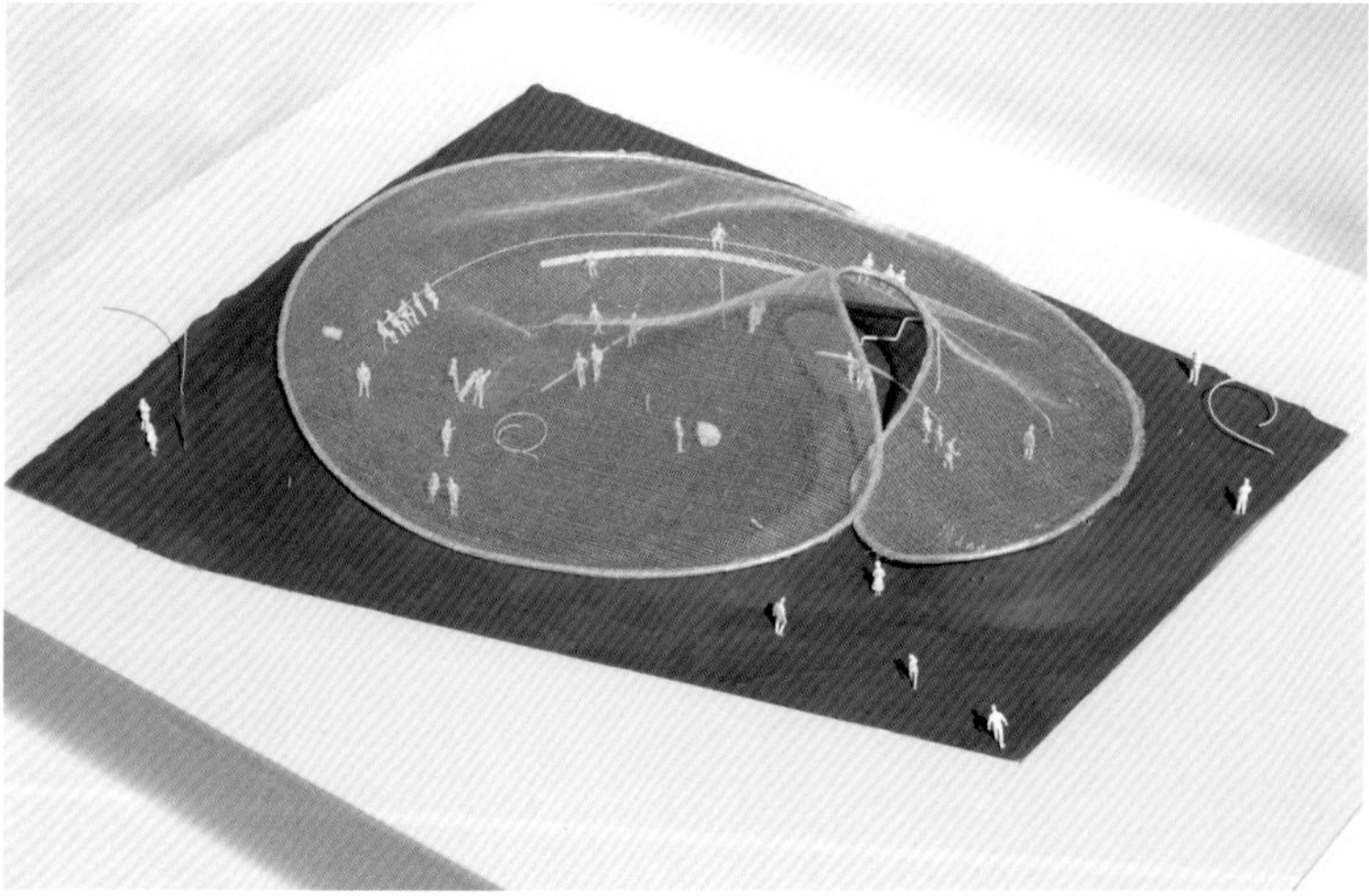

いのち動的平衡館の最初の模型　（提供：NHA）

示してくれました。サミュエル・ベケット橋は、アイルランドを象徴する楽器・ハープのような形で、斜めに傾いた柱を背後から支える太いケーブルと、その柱から橋桁を吊る細いケーブルのそれぞれの張力で成立した美しい吊り橋です。

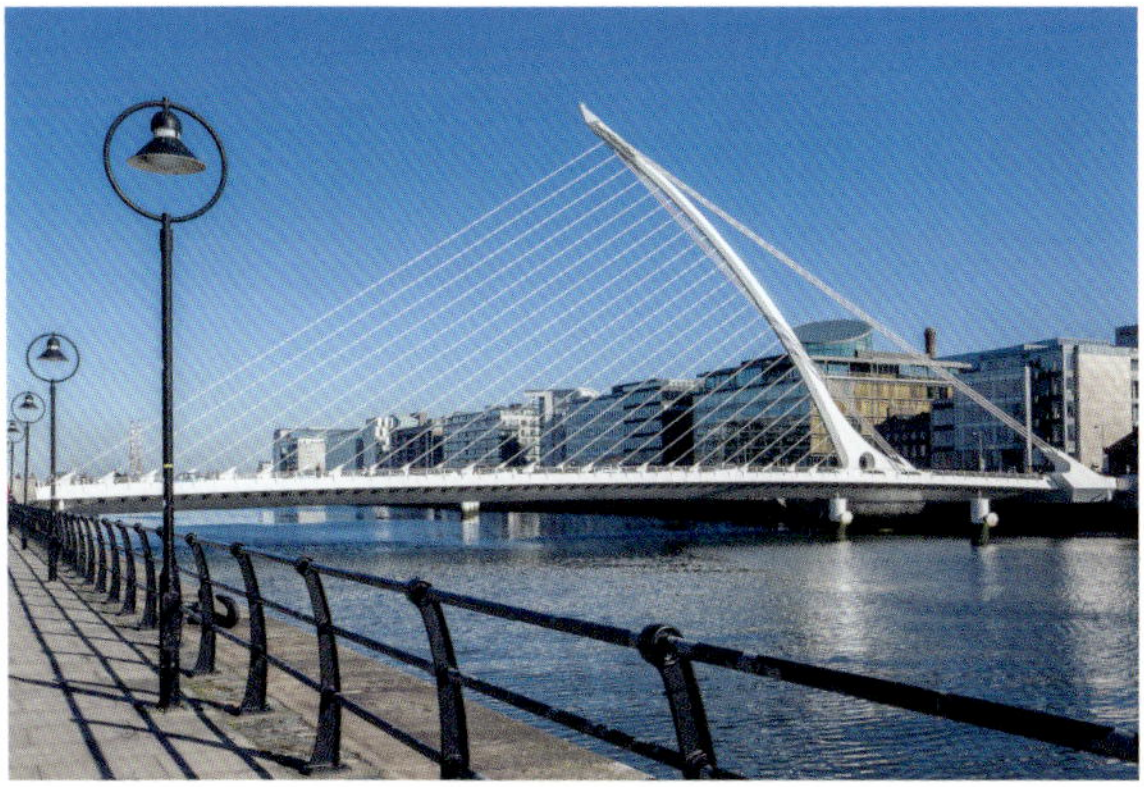

サミュエル・ベケット橋　（iStock.com/andylid）

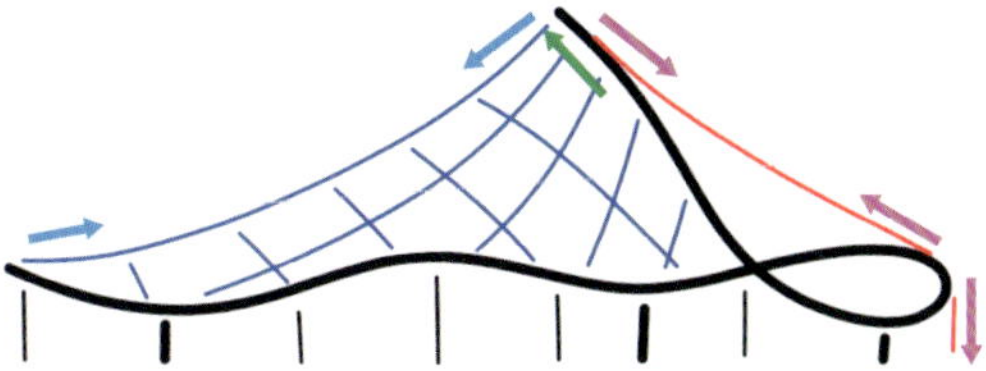

いのち動的平衡館の構造コンセプトスケッチ　（作成：Arup）

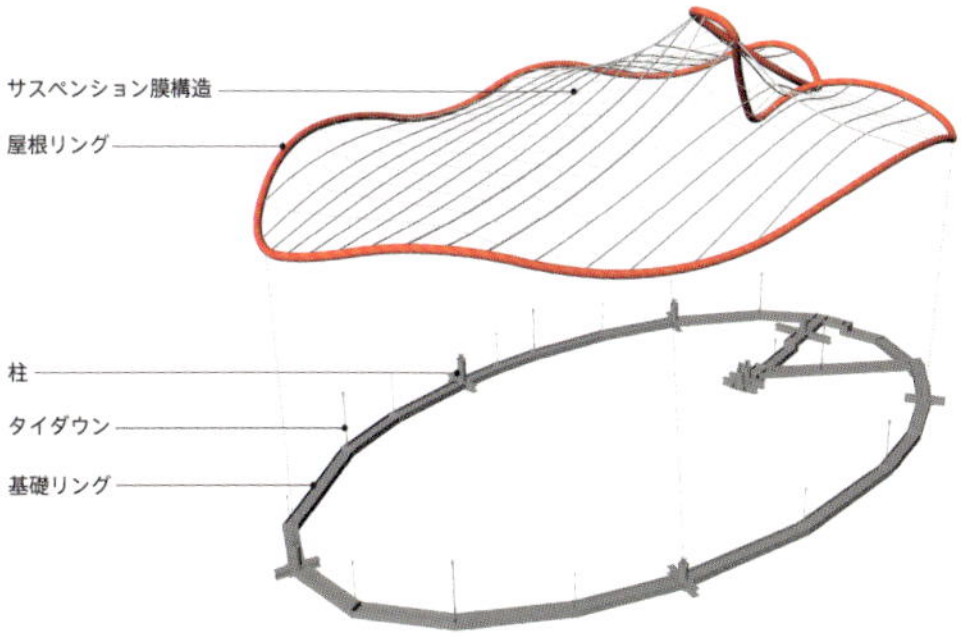

いのち動的平衡館の自己釣り合い構造の構成　（作成：Arup）

このアイデアを頼りに、リングの形状、ケーブルの配置の検討が始まりました。私のスケッチをベースに木村さんが３Ｄで形態を操作し、富岡さん、太陽工業に構造的な合理性を確認してもらうという一連の流れを繰り返し行いました。ただ、ここでもまた苦戦が続きました。アイデアがあって、目指すべき方向も分かっているのに、どうしても想定していた解析結果が出てきませんでした。何度やってもくびれが垂れてしまうのです。その都度、模型検討に戻っては、硬さやしなやかさの仕組みを確かめたり、解析を単純な形状に置き換えてメカニズムを理解したりと、進んでは戻る地道な検証を積み上げていきました。高度な解析技術があっても、正しいディレクションがなければ何も機能しないことを日々思い知らされました。ほぼすべての図面が3次元でしか描けないこの特殊な計画は、解析の方向性を決める設計者のアイデアと、高度な解析技術のどちらを欠いても成立しないものでした。

気づけば針金の模型から半年、ようやく全体の構成が見えてきました。それはまさに針金と、それを拘束する指に伝わった力のバランスが建築として具現化されたものでした。

途中がない建築

現場作業での一番の難所は、ケーブルの緊張工程でした。設計でケーブルごとに設定された張力が、実際のケーブルに正確に入るかどうか、という点です。一本一本のケーブルが網目のように連結され、全体が連動し、かつその周囲の屋根リングもケーブルに引っ張られることで変形するという、ひとつ触れば全体が変化するような状況で、すべてのケーブルに正しい張力を入れなければならないという難工程。元請けの鹿島建設をはじめ、設計者、ケーブル工事を担当した太陽工業の作業員たちが集まり、知恵を出し合い、施工計画はあらゆるシミュレーションを重ね、綿密な段取りが組まれていました。

工程の終盤、一本ずつ順々にケーブルに張力を入れていきましたが、残りの本数が少なくなっても、思うように全体のバランスが取れません。全体がつながっているとはいえ、さすがに残り数本の張力調整ではうまくいきそうにもありませんでした。バランスの取れないケーブルの張力を上げたり抜いたりと、試行錯誤を重ねてみましたが、状況は改善しませんでした。当初の段取りではうまくいかないと判断し、段階的に張力の基準をクリアしていくことは諦め、すべてのケーブルを取り付けてから調整するように、方針を変更せざるを得ませんでした。

ケーブル緊張工事の様子　（提供：2025年日本国際博覧会協会　撮影：西川公朗）

その後しばらくして、予期せぬことが起こりました。残りのケーブルのひとつを引き終えたとたんに、たちまち全体の張力バランスが整ったのです。「おおっ！」と、思わず現場から歓声のような叫びが上がりました。正直誰も予想していない瞬間でした。

後日、この話を福岡先生にしたところ、「生命の生成過程には、部分もなければ途中もない。この建築のプロセスは生命的だ」とおっしゃいました。部分を積み上げて作り上げるのが一般的な建築だとすれば、全体がつながった瞬間に一気に成立するこの建築は、生命の生成過程になぞらえて、〝途中がない建築〟と言えるのかもしれません。こうして難所を乗り越えた現場は、竣工に向けてラストスパートで駆け抜けていくことになります。

このパビリオンでは、これまで述べた構造的な挑戦に加えて、新しい手法を取り入れた光を使っ

タマムシ

いのち動的平衡館の外周の開口部
（提供：2025年日本国際博覧会協会　撮影：西川公朗）

た表現の実験も行っています。まず内部に一歩足を踏み入れると、そこは海の底か宇宙の彼方か、自然光を極限まで絞り込む半透明塗装膜が、暗闇の中で幻想的に浮かび上がります。

また、外周の開口部には自然の発色現象「構造色」を再現するフィルムを設置し、光の揺らぎを色彩のうつろいで表現しています。構造色とは、表層の微細な凹凸に光が干渉するだけで七色に自然発色する仕組みで、自然界ではモルフォ蝶やタマムシ、貝殻内面にある真珠層などが身近な例です。いずれも自然界からヒントを得た新しい光の表現に挑戦しています。

循環――生命がいのちのバトンをわたすように

半年しかない会期のあと、パビリオンは解体されます。生命がいのちのバトンをつなぐように、パビリオンも形を変えて大きな循環の輪に還っていく仕組みを考えました。具体的には使用済み鋼材のリユースの提案です。鉄のリサイクルは一般的に普及していますが、一度建築資材として使用された鉄を、再度同様に利用するのは、法規制などさまざまなハードルがあり、あまり進んでいないのが現状です。そこで、取り壊される建物の鋼材ストックを、建築資材としてではなく、街路に立つ照明柱《しょうめいちゅう》などのパブリックファニチャーと呼ばれる構築物の基礎鋼管としてリユースする方法を提案しました。そのモデルケースとして、いのち動的平衡館の複雑に加工された屋根リングの鋼管を用いることで、多様に加工された世の中の鋼材ストックでも、広く運用するのが可能なことを提示できればと考えました。すでに現時点（２０２５年３月）で、鋼管のモックアップ材をリユースして、照明柱の基礎として利用することが決まっています。このような試みが、広く社会に知られていくきっかけとなることも、万博のパビリオン事業に課せられた大切な役割のひとつです。

建築の概念を揺さぶる

「建築もまたうつろいゆく流れである」

これが、福岡先生の問いかけに対する私の返答です。

私は以前から、建築の実務を通じて、「建築は、柔らかく、動く」という感覚を抱いていました。建築を構成する素材も、またそれらが組み合わさってできた全体の系も、実は柔らかい。福岡先生の言葉を借りれば、一見静的に感じられる建築も、絶えずうつろいゆく力の流れの中で、反応し、変化しているという感覚です。

私が針金の手遊びで感じたひらめきは、これらの感覚に通じています。一つ一つは軽く弱い材の集まりでも、互いに関係し合って、全体でバランスを取ることで成立する柔らかい建築のイメージです。このアイデアは多くの協力者の力を借りて、「うつろう建築」として実を結びました。一般的な建築が、形が変わらないように固く耐えるように作られているのに対して、「うつろう建築」は、変わらないために、初めから変わり続けることを前提に作られています。

要素に無駄がなく、軽量で、それでいて柔らかくしなやかで、常に形を変えながらバランスを保って存在する。この建築の有り様が、生命のそれに通ずるのではないか。それがこのパビリオンを通じて私の考えたことでした。

「これは建築なのか」

今、まさに完成したパビリオンを目の前にして、新たな問いが浮かんできました。動的平衡という生命原理に導かれて立ち上がったパビリオンは、今にも動き出しそうな「生きた存在」の気配をまとっていました。これは果たして私たちの知っている建築なのでしょうか。

私は、この問いかけを世界中の人々と共有できたらと思っています。〝動的平衡〟という生命哲学に、人の心を穏やかにする不思議な包容力があるように、このパビリオンが、効率に支配される現代で想像力が縮こまりそうな〝建築〟の概念を少しでも揺さぶるような存在になれたら、そんなにうれしいことはありません。

橋本尚樹
Naoki Hashimoto

1985年愛知県生まれ。京都大学、工学部建築学科卒業後、東京大学大学院在学中にAteliers Jean Nouvelに勤務。帰国後、内藤廣建築設計事務所を経て、2018年より橋本尚樹建築設計事務所（NHA| Naoki Hashimoto Architects）主宰。主な作品に「玉造幼稚園」（千葉県）、「丹波山村庁舎」（山梨県）など。山梨県建築文化賞（2023）、日本建築学会作品選集新人賞（2023）など、受賞多数。

万博で挑戦する日本初の建築物

［実施設計・監理・施工］　鹿島建設（株）
境 治彦（現場代理人）、大平直子・花岡 光・金子寛明（関西支店建築設計部）、石黒大輔・乗岡愛子（関西支店営業部）

我々がやらなくて誰がやるのか

鹿島建設はこれまで、積極的に国際博覧会に参画してきました。私たちは日本の建設業界のリーディングカンパニーであるという自負を持ち、「日の丸が掲げられる」プロジェクトに対しては全力で貢献すべきだという意識が、経営層から現場の社員まで一貫しています。今回の大阪・関西万博でも、「我々がやらなくて誰がやるのか」という責任感を持って、プロジェクトに取り組みました。

いのち動的平衡館は、誰もが経験したことのない非常に難易度の高い膜構造の建築物です。基礎リング・建物の外周を、ジェットコースターのように隆起する主構造の屋根リング・屋根全面を覆う、優美な流線形状の膜を支える格子状ケーブルのシンプルな構成で、25メートル超の無柱の大空間を構築する、絶妙な平衡状態を保つ建物です。

ケーブル膜構造の建築は、ケーブルを固定する端部がRC造や剛強な鉄骨となっており、ケーブルに張力が加えられても固定端側が変形しない構造が一般的です。一方で、いのち動的平衡館はケーブルの張力を調整すると屋根リングも変形するという、世界を見ても例の少ない構造を採用しています。このため、ステップ解析を駆使して、ケーブルにどのように張力を加えれば理想形に到達できるか、このケーブルと膜の相互作用を管理する部分が、今回のプロジェクトでもっとも苦労した点でした。

“日本初”の構造は、デジタル技術を駆使して実現

今回はすべての設計にビルディング・インフォメーション・モデリング（以下、BIM＝建築情報の可視化）を活用しました。

ＢＩＭでは、バーチャル空間上に３次元モデルを作り出し、これを基に検討や図面作成を行います。例えば、リングとなる鉄骨の図面を作成する際には、リング状の鉄骨をどのように配置し、組み立てるかについて、詳細な打ち合わせを行いました。設計図には、ケーブルを引っ張るためのガセットプレート（鉄骨同士を接合するための鋼板）が描かれており、これに対してどういう角度でケーブルを取り付けていくかといった位置決め、壁になる膜の位置決めなどのルールを作り、それに基づいたひとつの断面図と奥行き方向のリングの曲線データを入力すると、それが連続的に３次元モデルとして表現されます。さらに複数の断面のルールを切り替えることで、異なる条件に対応することが可能です。ただし、すべてをルール化しても、一部は自動では対応できない箇所があり、個別に細部を確認しながら調整を進めました。以前であれば、これらの作業はかなりの期間がかかりましたが、ＢＩＭを活用することで、わずか３ヶ月ほどで完了し、高精度な施工を実現することができました。

また、いのち動的平衡館で使用される屋根リングは、自由に曲がるような複雑な形状をした太い鉄骨です。これには「高周波曲げ」という、鉄骨の特定の部分に高周波を当て、その部分だけを熱で柔らかくし、少しずつ曲げていく加工法が使われています。この技術は建設用途ではあまり使用されず、主にプラントの配管などで利用されるものですが、いのち動的平衡館の滑らかな曲線美を実現するためには、強度を落とさずにケーブルを曲げるための高度で繊細な技術が必要でした。３次元的に曲がりくねった鉄骨と、それにつながるケーブル、膜が織りなす有機的な形状の美しさが見どころです。この独特のフォルムは、細胞が、今まさに生まれようとしているような生命体を表現しています。展示の内容だけでなく、未来社会に向けた万博にふさわしい唯一無二の建築物を楽しんでください。

「自己釣り合い」の実現

［構造設計］Arup　シニア構造エンジニア　富岡良太

京都大学工学研究科建築学専攻修了後、2010年にArup東京事務所に入社。2015年より2年間Arupロサンゼルス事務所に勤務後、2017年4月より東京事務所復帰。日本・米国を含めたさまざまな国のプロジェクトで構造設計に携わる。一級建築士。

針金リングが建築物になるまで

私は、大学時代の同級生である建築家・橋本尚樹さんから声がかかり、構造設計を担当することになりました。現在の形にたどり着くまでには紆余曲折あり、橋本さんから、毎週のように新しいアイデアが送られてきました。迷路のように巡るものとか、タワー型、半地下構造など、面白いものはたくさんあったのですが、地盤や予算の関係で諦めるものも多くありました。ほぼ半年ほど、案の検討に時間を注ぎ、ようやく現在の形にたどり着いたのが、2021年夏のことでした。

最初に、針金と布で作られた「いのち動的平衡館」の原案となる模型が出てきたときは、正直「またきたか」という感じでした。「面白いな、いけるだろう」と軽く考えていたのですが、しばらくして、本格的にこの案で進めるということになり、冷静になってみると「あれ、本当に成立するのか」と、ドキドキの毎日となりました。

力学的平衡と相補性で成立

本格的な検討段階に入り、まずピンときたのは、サミュエル・ベケット橋（斜めの塔柱と、その背面のケーブルにより前面の橋桁を吊った斜張橋）です（141ページ参照）。サミュエル・ベケット橋のアイデアを2次元に展開すれば、うまく立ち上がるのではないかと思いました。外周リングと屋根膜の力の釣り合いだけで自立する「自己釣り合い」型です。外観は、膜の屋根がふわっと宙に浮いているようで、非常に単純な構造に見えます。が、シンプルな形ほど構造は難しく、目に見えないところでさまざまな検証や工夫をしています。外周、膜、ケーブルそれぞれでは弱く柔らかいパーツが、力学的にバランスを取り、補い合うことで実現される相補的構造は、まさに動的平衡です。もっとも苦労したのは、このシステムを成立させるための形状の模索でした。いのち動的平衡館の屋根はサスペンション膜構造（膜材を使った吊り構造）です。屋根膜は、屋根自体の重さや下向きの風荷重に耐えられるように、下に凸のケーブルを、風の吹上に耐えられるように、上に凸のケーブルを張り巡らせる必要があります。そのため、外周リングの形状やケーブルの配置を何度も調整しました。

また、通常の構造解析は、無重力の状態で、建物を組み上げた上で一斉に力をかけて行います。しかし、今回の建物はケーブルの張力導入手順も考慮する必要があるため、通常の方法は通用しませんでした。そこで、建設途中の段階と完成後の状態を分けてモデル化し、それぞれの結果を組み合わせる方法を採用することで、ようやくイメージどおりの形状が実現できました。

今回のプロジェクトは、個人的にも特別なものでした。大阪出身である私にとって、地元で開催される万博に関わることは大きな喜びであり、挑戦でもありました。また、学生時代に読んで感動した『生物と無生物のあいだ』（講談社現代新書）の著者、福岡先生の「動的平衡」という概念を建物として形にすることは、非常にエキサイティングな経験でした。

いのち動的平衡館は、内部に柱を立てずに大空間を作っている、日本でもなかなかない建築物です。一見するとシンプルで軽やかに感じられますが、その裏には多くの技術的挑戦や創意工夫が詰まっています。Ａｒｕｐは、大阪・関西万博で13件のパビリオンの構造計算に携わりましたが、いのち動的平衡館は、一、二を争う難易度で、Ａｒｕｐとしても初めての試みでした。完成に至るまでは、たくさんの努力と技術が費やされていますが、単純にこの建物が持つ独特の形状や構造から、「面白いな、初めて見たな」と思ってもらえたり、純粋に楽しんでもらえたりすれば、それだけで満足です。

うねる屋根膜・いのちの始まり

［屋根膜製造・施工］　太陽工業（株）
古谷宗一郎・斉藤嘉仁（建築設計部）、新井達也（工事本部）、吉見知郎・名波紳二・溝辺 陽（営業部）

「できない」ではなく「どうにかする」

太陽工業は、1922年にテント製造販売業者として創業し、戦後の焼け野原の中、ミシン一台ハサミ一丁から再スタートしました。EXPO'70をきっかけに、大型膜面構造物の先駆者として広く知られるようになり、東京ドームやロンドン・ミレニアムドームなどを手掛けてきました。現在、大型の膜構造物において世界トップクラスのシェアを誇ります。

太陽工業の基本精神は、「できない」ではなく「どうにかして実現する」です。この精神は、いのち動的平衡館のプロジェクトでも顕著に発揮されました。この館の屋根膜の形状は「馬の鞍型」のように、一方向が山なりで、もう一方向が谷なりの曲面に分類されますが、初めて、その曲がりくねった起伏のある形状を見たとき、通常の張り方では実現できないとすぐに分かりました。微妙な力の釣り合いで構成される複雑な曲面を持ち、しかも内部に柱を設置せずに支える構造。この条件のもと、ケーブルをどのように配置すべきかについて、解決方法がすぐには見つかりませんでした。とにかく応力集中（材料や構造物に外力が加わったとき、特定の箇所に応力が局所的に集中する現象）しないよう力を分散させつつ、屋根を持ち上げる方法を考える必要がありました。ケーブルネットの張り方は、何度も解析を繰り返しました。また膜の裁断方法についても、模型を作りながら、反付け（膜材の継ぎ目）が極力出ない最適解を模索し続けた結果、現在の形状にたどり着きました。

ケーブルや外周リングの取り付け方法にも多くの工夫が施されました。ケーブル端部には、張力導入のための調整金物を設置し、膜材端部には、ケーブルや鉄骨の変形等に対する調整ができるように、ロープによる緊結としました。さらに外側が滑らかになるように、フラップと呼ばれる膜材で覆うという細かな作業も施しています。これにより、機能性と美観を両立させたディテールが実現しました。

現場では、構造を計算しながら手順までシミュレーションしていただいた鹿島建設と、通常の鉄骨曲げ加工は一方向曲げですが、今回は曲げ方向や曲げ半径の異なる一方向曲げ部材を組み合わせて、複雑な二方向曲げ架構を精度よく製作していただいた日鉄エンジニアリングの技術力も、成功の大きな要因でした。

最終的に完成したものは、膜にシワやたるみが全くなく、ピンと張られた状態で、「いのち」が宿った細胞膜を彷彿とさせるものでした。そのプロセスはまるで生命が自己組織化するような過程でした。

薄くて軽い膜の可能性は無限大

今回使用した屋根の膜は、エンブリオニック・ピンクという薄いピンク色を模し、胎児の肌色を感じさせる色合いを表現しました。また入口部分にはＥＴＦＥフィルム膜という半透明の膜材を使用。この素材自体には色が付いていませんが、屋内側にインクジェットで青い色を印刷しました。この手法は国内建築物への適用では、おそらく初めての試みだと思います。透明感のある鮮やかな青色は、朝、昼、夜と差し込む光によって、雰囲気が一変するのも生命的です。「細胞膜」のような柔らかな曲線のフォルムは、膜だからこそ実現できました。

膜は単なる素材ではなく、「存在」として空間を作り出します。「包む」「畳む」「隔てる」ことができ、薄くて軽いという特性は、建築だけでなく、宇宙や海底といった特殊な環境での利用にも可能性を秘めています。膜構造には骨組膜構造、サスペンション膜構造、空気膜構造があり、いのち動的平衡館は、4方向の主ケーブルを軸に構成されたケーブルネット方式のサスペンション膜構造の建築物で、前例がありません。太陽工業でも5本の指に入るくらいの難度でしたが、これからも膜の可能性を探求し、新たな価値を創造していきます。

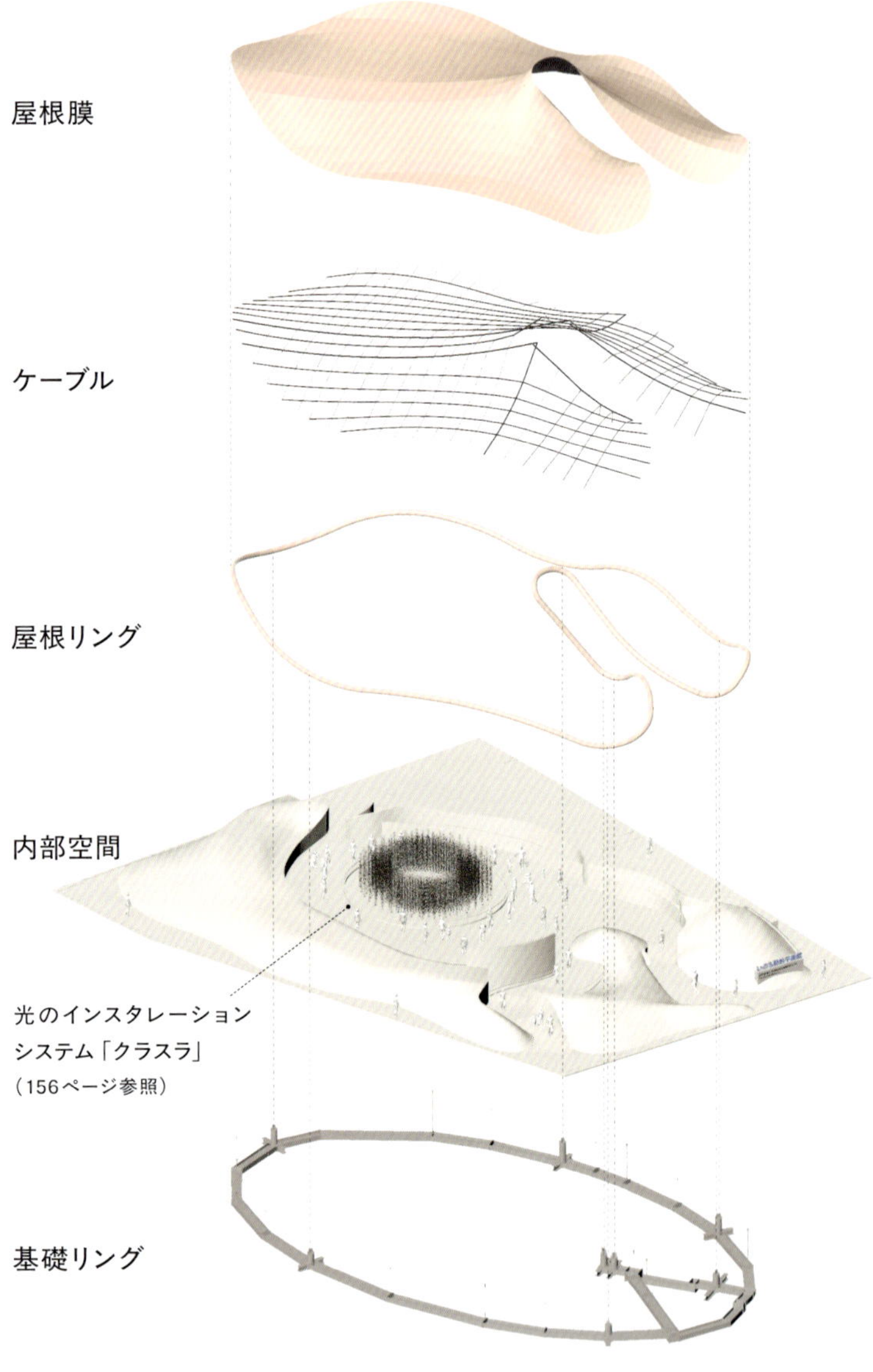

［いのち動的平衡館の構造］
基礎リング・屋根リング・ケーブル・屋根膜で構成。それぞれが影響しあい、力学的なバランスを保つことで、25m超の無柱大空間が実現した。

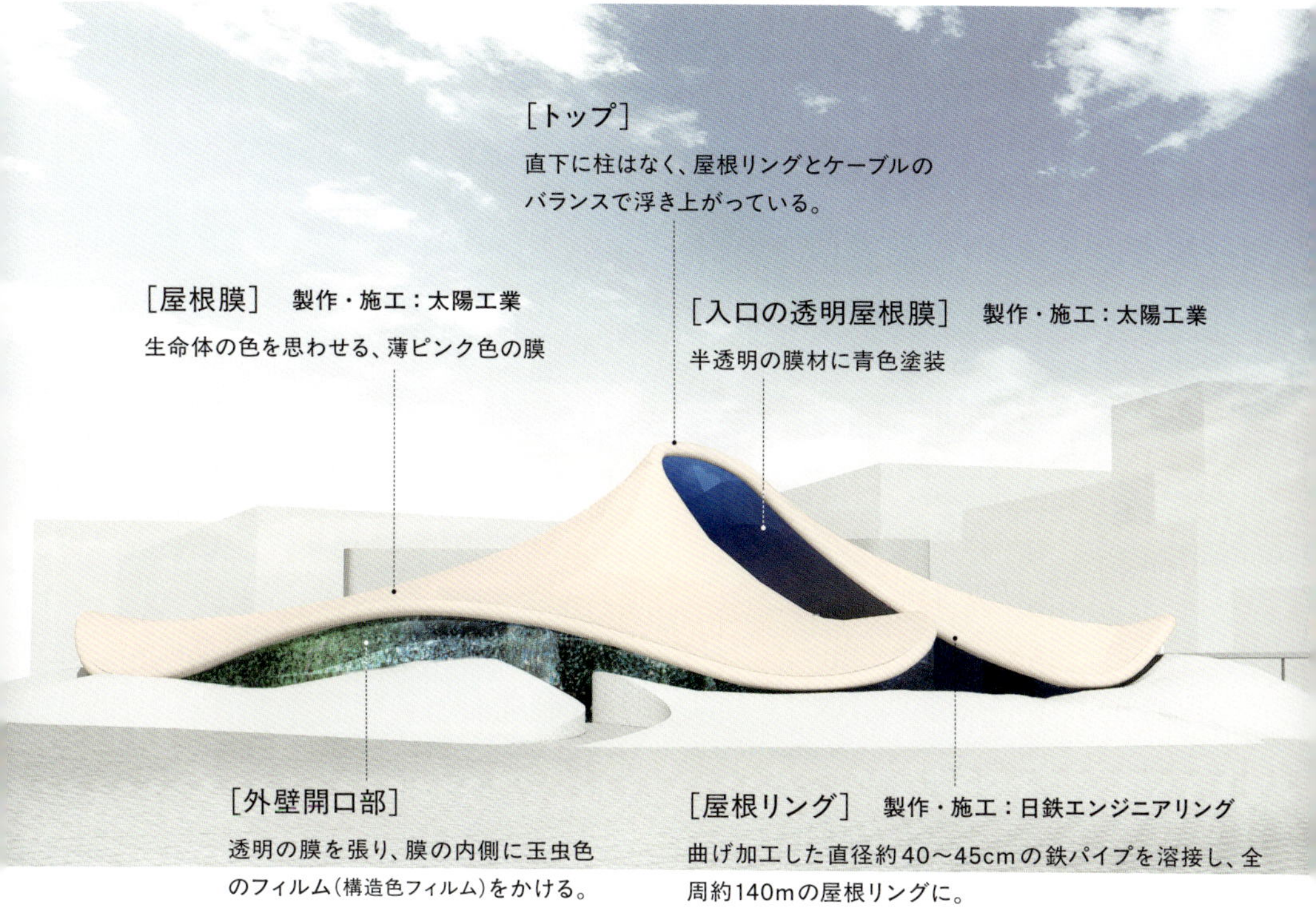
[トップ]
直下に柱はなく、屋根リングとケーブルのバランスで浮き上がっている。
[屋根膜]　製作・施工：太陽工業
生命体の色を思わせる、薄ピンク色の膜
[入口の透明屋根膜]　製作・施工：太陽工業
半透明の膜材に青色塗装
[外壁開口部]
透明の膜を張り、膜の内側に玉虫色のフィルム（構造色フィルム）をかける。
[屋根リング]　製作・施工：日鉄エンジニアリング
曲げ加工した直径約40〜45cmの鉄パイプを溶接し、全周約140mの屋根リングに。

いのち動的平衡館　建築概要

基本計画、基本設計	NHA｜Naoki Hashimoto Architects 橋本尚樹、木村明稔、桑原秀彰、小林寛幸 Arup 富岡良太（構造担当）、竹中大史（設備担当）
実施設計、監理	鹿島建設・NHAグループ
施工	鹿島建設
構造	鉄骨造／サスペンション膜構造1階（高さ8.8m）
規模	敷地面積 1,635.51㎡／建築面積 946.56㎡／延床面積 995.84㎡

Part3

光のインスタレーション「クラスラ」

光で紡ぐ、利他の生命史

Ｔａｋｒａｍ　緒方壽人

「分断化が深まる現代社会。混迷から抜け出せないのは、『生命哲学』が抜け落ちているからではないか。いのち動的平衡館では、未来のテクノロジーを提示するというより、フィロソフィーやビジョンを示したい」

――プロデューサー・福岡伸一の、この困難とも思えるリクエストを見事に形にしたのが、デザイン・イノベーション・ファームＴａｋｒａｍだ。

展示の演出担当責任者に任命されたのは、デザインエンジニアの緒方壽人氏。福岡の生命哲学のキーワード「動的平衡」を、〝クラスラ（細胞の骨格を構成するタンパク質「クラスリン」にちなむ）〟と名づけられた直径10メートルの光のインスタレーション装置を通じて、見事に表現した。

デザインとエンジニアリングを分断せず、両輪で完成まで導いたＴａｋｒａｍは、どのようなアイデアと革新的技術で、福岡の生命哲学を具現化したのか、話を聞いた。

生命の動的な特性をどう見せるか

私たちはこれまで、インタラクティブな体験型展示の制作だけでなく、デザインからアート、サイエンスまで幅広く領域横断的な活動を行ってきました。以前から、「動的平衡」というコンセプトは面白いなと感じていたので、「いのち動的平衡館」の展示デザインコンペに参加しました。

コンペで提案したイメージの着想は、福岡先生の公式サイトのトップで流れる、動的平衡を可視化したアニメーションでした。それは粒子が集まり、一瞬、人の形をなして、再び粒子に戻り、消えていくというもの。分解と合成が同時に起こり、相補的に動いている状態である「動的平衡」を、言葉を使わずに表現しており、まさに「これだ」と感じました。

それを、来場者が壁のスクリーンを一方向で見るようなショーではなく、焚き火を囲むように、その場にいる人々が場と時間を共有できる形で実現できないかと、思いを巡らしました。さらに視覚だけでなく、五感全体を使うような体験を考えました。空間全体を使った動きのある音と光の演出によって、360度どこからでも体感することができる立体的かつ没入型の空間です。

もうひとつのインスピレーションは、私が以前から漠然と抱いていたイメージでした。現代では4Kや8Kといった高解像度ディスプレイが一般的ですが、これらの技術は主にピクセル密度を高める方向で進化しています。私は逆に、ピクセルの密度を高めるのではなく、ピクセル自体が独立して立体的に空間内に散らばり、それぞれが制御されるような技術があれば、さらに多彩な表現が可能になるのではないかと思っていました。実現は難しいと理解していましたが、不可能ではないと感じていました。
そんな中、基板の開発製作会社ケイ・ピー・ディの加藤木一明さんが、繊細な立体構造の、手のひらサイズのLEDキューブを試作していることを知り、「これが使えるかもしれない」とひらめきました。すぐに連絡を取り、その小さな試作品とともにコンペでプレゼンしました。当時は、この技術を大規模な展示物に応用する具体的な方法はまだ分かっていませんでしたが、新しいチャレンジをすることも、万博にはふさわしいと思っていました。

光を弱く繊細に浮かび上がらせる

プロジェクトはまず、立体LED装置の試作から始めました。大事にした

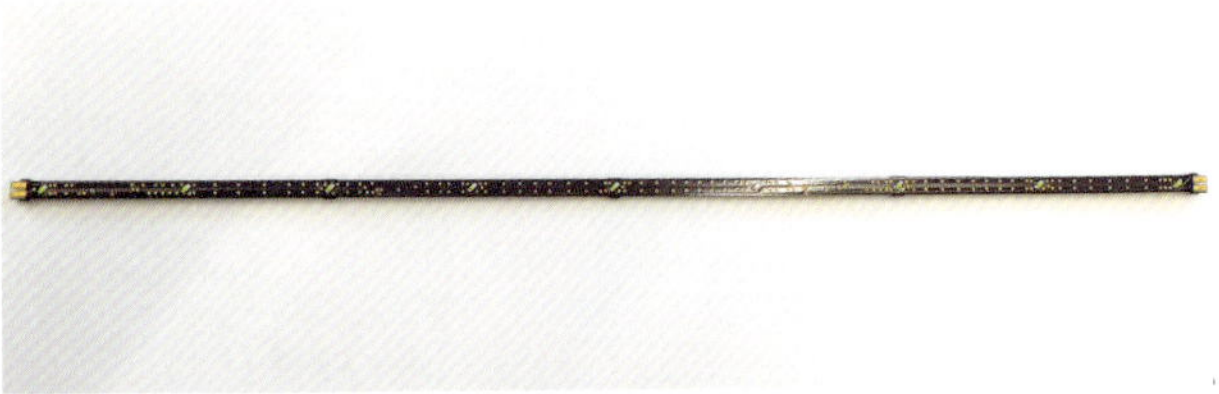

超小型LEDを9個配置した基板(長さ30cm、幅4mm、撮影:越海辰夫)

LED基板を約3万6000本組み立てて構成した「クラスラ」(直径10m、編集部撮影)

のは、繊細で、弱く小さな光をどこまで表現できるか、という点です。光が強いと、一点一点がボヤけてしまうのです。また、動いているからこそ生き物が認識できる、というのもポイントで、細胞分裂の様子や、イルカのジャンプ、馬の駆け足など、その生き物らしい動きを追求しました。

繊細な光で表現するために、ＬＥＤをどの程度の密度で配置するか、基板設計とシミュレーションを幾度も重ねました。立体的なので、ＬＥＤの間隔をほんの少し詰めるだけで、必要なＬＥＤの数が爆発的に増えます。最適な密度やコストとのバランスを見極める作業を進めました。

最終的には、長さ30センチ、幅4ミリの基板にＬＥＤを9個配置し、それを約3万６０００本、32万個の光の粒がランダムに散らばって見えるように、折れ曲がった枝のようなフレームに沿わせて組み上げ、直径10メートル、全周30メートル、高さ2・5メートルの「光の森」のような立体シアターシステムを作りました。パビリオンの内部は、柱のない膜構造の天井を持った空間なので、天井から吊り下げるのではなく、自立する構造になっています。

通常の基板はケースに収められ、外から見えない設計が一般的です。しかし、ケースをつけると太くなり、ＬＥＤの光が遮られてしまうため、基板そのもので全体が構成されています。会場は湿気や外気の影響も受けるため、耐候性（天候がもたらす要因に対する耐久性）の試験を実施したり、コーティング処理を行ったりするなどの対策も講じています。

通常、こうしたＬＥＤを使った展示では、一チップでフルカラー制御できる既製品のＬＥＤを用いるのが一般的ですが、今回は粒子の流れが作る生命の世界をピュアに表現するために、「弱く白い」光の階調表現に最適化した独自設計とすることによって、低消費電力で、豊かな表現力を持つ装置が実現しました。

また、この新たに作った立体シアターシステムに適したコンテンツの製作環境やプロセスの構築も大変で、普段は、高精細なCG表現の細部にこだわるCGクリエイターのメンバーを中心にした新しい映像表現の探求は、試行錯誤の連続でした。粒子の流れ、多様な生き物の形や動き、砂埃や波しぶきなど、全体で数百にもなる光の演出を、一つ一つ調整しています。そして、音楽も重要です。クラスラの粒子の世界観を表現するために、ストリングスの演奏を収録して、複雑に音を重ねたり、オリジナルの楽器を使った音を取り入れたりもしています。さらに、大量のLEDを滑らかに制御し、立体シアター全体を動かすソフトウェアシステムも独自に開発しましたし、アクセシビリティへの対応として、受け手の身体や感じ方に合わせた感覚情報を提示する技術を取り入れた触覚体験システム、バリアフリー字幕や音声ガイドも用意しています。従来の「より色鮮やかに、高精細・高密度に」という方向性とは逆に、はかなく繊細な白い光をいかに豊かに表現するか、という挑戦はハードでしたが、新しい表現の可能性を形にすることに大きな意義を感じ、またやりがいを覚えました。

「動的平衡」と「利他」を体感するために

次の課題は、この光の装置を使って何を表すか、つまりコンテンツです。福岡先生がメッセージとして伝えたかったのは「動的平衡」と「利他」。まず、いのちはうつろいゆく流れの中にあるという

「動的平衡」の生命観を、一つ一つの光の粒の明滅で表現しています。動物も植物も、微生物から大型生物まで、多様な生き物の姿を、光の粒子が分解と合成を繰り返しながら、目の前で立体的に動くアニメーションとして体感できます。

次に、「利他」というと自己犠牲や慈善的な意味合いにも捉えられるかもしれませんが、先生の言う「利他」は、もう少し広い概念です。38億年の生命史は、弱肉強食、奪い合いや争いといった利己的な振る舞いの歴史と思われがちですが、実はそれだけではなく、むしろ協力や共生によって紡がれてきた、それを「利他の生命史」として捉え直してみようということです。

特に興味深かったのは、利他性が生命の根源から存在しているのではないかという視点です。例えば、原核細胞から真核細胞への進化が20億年ほど前に起こったと言われていますが、これらは、大きな細胞と小さな細胞が共生した結果とも言えます。さらに、単細胞から多細胞化したことや有性生殖なども、お互いに補い合う相補性や協調的な振る舞いと言え、福岡先生はそれを「利他」という言葉で表現しています。

全体のストーリーの中で、後半は多様な生き物の世界を描きますが、例えば博物館などでは最初にすぐ通り過ぎてしまいがちな、原初的な生命の世界を前半で丁寧に描いているところが、特徴的だと思います。

Feel First, Learn Later

今回の展示では、福岡先生の提唱する「動的平衡」という生命観や、「利他性によってつながれてきた生命史」を、言葉や映像を見るだけでなく、いかに体感・体験してもらうか、というのも大きな課題でした。

Ｔａｋｒａｍは、“Feel First, Learn Later（まず感じて、そのあとで学ぶ）”という考え方を大切にしています。来場者には、まずは展示空間に身を委ね、光の粒子の世界に没入していただきたい。

そのためには、来場者に「自分も生命史の一部である」と感じてもらうことが必要だと考え、来場者の身体も、光のインスタレーションの中に入ったかのように見える仕掛けを工夫しました。具体的には、装置の周囲にセンサーを搭載することで、人型シルエットを立体的に捉え、クラスラに出現させるというものです。“光の立体鏡”のようなイ

センサーにより、自分の姿が細かい粒子の光となって輝く。
（提供：2025年日本国際博覧会協会　撮影：西川公朗）

メージです。入館すると、最初に来場者自身のシルエットが光の粒で浮かび上がり、手を振ると、粒子も手を振ります。その粒子が崩れて、細胞から、魚や鳥、馬、そして、きのこ、植物など多様な生物の38億年の生命史をたどり、最後には自分もその一部として戻ってくる——このような演出を通じて、生命のドラマの中に自分が存在しているという感覚を味わっていただければと思います。さらにクラスラを体感したあと、出口付近では福岡先生による動的平衡の解説があり、最後に「あらゆる生物は必然として死を迎えるが、死があるからこそ生が輝く」というメッセージが表現されます。

自分が粒子として溶け込み、生命史のドラマを描き、また戻ってくる。この体験を通じて生命の歴史を体感し、私たちはどこから来て、どこへ行くのかを考える機会にしていただければと思います。

緒方壽人
Hisato Ogata

Takramディレクター。デザイン、エンジニアリング、アート、サイエンスを領域横断するデザインエンジニア。プロダクトからサービスまで多様なプロジェクトに携わる。主な実績として「HAKUTO」月面探査ローバー、NHK Eテレ「ミミクリーズ」、21_21 DESIGN SIGHT「アスリート展」など。著書に『コンヴィヴィアル・テクノロジー』。

［Takram クラスラ制作スタッフ］
展示企画演出・クリエイティブディレクション：緒方壽人
展示システム設計開発・プロジェクトマネジメント：伊東 実
音楽・音響演出・触覚体験演出：小山慶祐
映像演出・CGデザイン：小林 諒
回路・基板設計試作：成田達哉
構造デザイン：中森大樹
グラフィックデザイン：弓場太郎
設計・開発・制作サポート：大澤 悟、村松 充、趙 子駿
CGデザインサポート：小松怜奈
プロジェクトマネジメントサポート：高井勇輝
［クラスラ制作協力］
展示施工：丹青社
クラスラ開発協力・基板設計・製造実装：ケイ・ピー・ディ
クラスラフレーム製作：落合製作所
クラスラフレーム構造設計監修：佐藤淳構造設計事務所／東京大学佐藤淳研究室
CG制作協力：TANGE FILMS、宮本拓馬、永松 歩
音響設計：アコースティックフィールド
ストリングスアレンジメント・演奏：波多野敦子
エピローグ映像撮影・プロジェクションマッピング：バック・ステージ（ジャパンマテリアルグループ）
触覚体験（アクセシビリティゾーン）技術協力：NTTドコモ（FEEL TECH）
バリアフリー字幕・音声ガイド協力：Palabra、田中みゆき
英訳監修：Terrance Lejeté
館内サインデザイン：中原崇志

いのち輝く空間デザイン

［展示施工］（株）丹青社

入江泰照、植田真希（現場推進担当）

無秩序でありながら秩序を感じさせる空間

丹青社は、商業施設や文化施設などの空間デザインを手掛ける会社です。今回、いのち動的平衡館の内部展示「クラスラ」の企画や演出、デザインの全体的な設計はＴａｋｒａｍが担当していますが、丹青社は、それを実際の現場に落とし込み、詳細設計、施工管理を行いました。また、万博会場への搬入計画やスケジュール管理、設置方法の検討など、現場対応に必要な、技術的な部分も担いました。

今回の展示空間づくりにおいて特筆すべきは、32万個のＬＥＤを使用したことです。クラスラのＬＥＤの基板自体はＴａｋｒａｍが企画提案したものですが、それをどのようにして、「動的平衡」を表現する空間として仕上げていくかが課題でした。初めは、無秩序でありながら秩序を感じさせる空間をどう作るべきか、明確ではありませんでした。しかし、設計が進むにつれ、単なる量産的な手法ではなく、パターンを決めながらも無秩序さを意識する必要があると感じました。そのため、設計と現場作業の間をつなぐ「通訳」としての役割に徹しました。この中間作業をどう変換するかがもっとも難しい部分であり、私たちの仕事の核となる部分でした。

いのち動的平衡館の天井構造は歪曲した形状であり、物を天井から吊り下げることができない空間でした。そのため、ＬＥＤが組み込まれた細長い基板を、床から垂直に組み立てて構築しました。強度が高すぎると無骨で見た目が悪くなる一方、細すぎると構造が脆弱になるため、極限まで細くしつつも強度を保つ設計が求められました。また、基板の足元は固定しますが、基板自体が細いため、それだけでは揺れが発生します。そこで間に板を挟み込むことで、揺れを抑える工夫をしています。あらゆる可能性を考慮しつつ、展示としてのクオリティ、機能性、安全性を確保するために、運営チームと協議し、慎重に検討を重ねました。

このように、設計段階から模索しながら困難を極めた点も多々ありますが、最終的には、ＬＥＤ32万個が集合体として機能する構造を作り上げ、必要最低限の強度を確保する形で成立させることができました。

心に残る空間へのこだわり

空間プロデュースにおいてもっとも重要なのは「安全」です。安全を確保した上で、次に目指すのは「心に残る空間」です。たくさんの人の知恵や技術を費やして作られたものや空間には、人の心を動かす力があると思います。展示がどのように見えるかを徹底的に追求し、照明の強さや壁の色など細部にまでこだわりました。

いのち動的平衡館においても、展示空間と建築が接する部分、例えば空調設備や床面の見え方など、デザインの意図に関わる部分では意見を出すことをためらいませんでした。見える部分であれば、より良い見せ方を追求し、不自然な印象を与えないよう工夫を加えています。こうした点を建築担当者に伝え、最善のレイアウトや仕上げが実現されるよう協力しました。

今回のパビリオンでは、一方向の動線設計となっていますが、来場者が滞留する可能性のある部分については、スペースを広げるなどの調整を行いました。また、体調が悪くなった方などを移動させる非常通路や休憩スペース、車椅子対応設備、聴覚障害者が体験できる振動エリアといった、ユニバーサルデザインにも配慮しています。

いのち動的平衡館の内部では、ストーリー性やドラマを通じて「動的平衡」を感覚的に捉えてもらえることと思います。建築自体が美しいことはもちろんですが、ぜひ、光り輝く空間で、「光の粒子が38億年を遡って語る生命史」を体感してください。

Part4 いのちの対話

「いのち動的平衡館」の協賛社である、ジャパンマテリアル、NTT、DMG森精機、ニチコン、荒川化学工業、日本スペリア社、モンベルの代表者一人ひとりと福岡伸一が対談し、「動的平衡」という生命のあり方を、どのようにして企業経営や組織論として応用するべきなのかを語り合った。真の「いのち輝く未来社会のデザイン」実現のために、今一度「生命とは何か」を問い直し、未来へのメッセージを発信する。

対談

黒子に徹する心

×

田中久男

ジャパンマテリアル（株）　代表取締役社長

田中久男　Hisao Tanaka

1947年生まれ。明治大学工学部卒業後、70年に栗田工業に入社。栗田工業在籍時は、海外の半導体を中心とした超純水プラント、インフラ設備営業に従事し55歳で退職。97年ジャパンマテリアルを設立。インフラ設備全般運営管理・技術サービスが行える国内唯一の事業スキームを構築。さらに工場中心部の半導体製造装置そのもののメンテナンス事業を開始。半導体・液晶工場のトータルサポートを可能とし、日本の半導体産業復権を志す。2006年より現職。

担ぎ手の気持ちも分からずに神輿に乗るな

田中　私は1970年に、前職の栗田工業に入社しました。ちょうど前回の大阪万博開催年です。栗田工業は大阪万博で「音楽に合わせて噴水が出て色が変わる」という演出に携わることとなり、その装置を受注して製作していたのですが、新入社員研修として私たちも現場に向かいました。「新入社員も手伝ってくれ」と指示され、何を作るのかも分からず、懸命に作業に取り組みました。そして、万博の開幕前日というときに、ベレー帽をかぶった人物が現れ、パイプを咥え、腕を組みながら「俺のイメージと違う。やり直せ」と言い放ちました。驚いた私は「一体あれは誰だ?」と思いましたが、後にそれが岡本太郎さんだったと知りました。

福岡　すごいですね。

田中　私にとっての社会人のスタートが、その70年の大阪万博でした。その後、1997年に起業して30年近く経ち、今回、大阪で再び万博が開催されると知り、ぜひ参加したいと考えました。

実際のところ、万博への協賛は、私個人の強い思いが起点となりました。いのち動的平衡館は、他のパビリオンに比べてわりと控えめな印象で、「自分が、自分が」という主張が少ない点に惹かれました。私の母の教えに「俺が、俺がの『我』を捨てて、おかげ、おかげの『下』で生きなさい」というものがあり、この教えがいのち動的平衡館と合致したように思いました。

私たちの事業は「半導体の黒子」であると自負しています。主役を支える裏方の存在ですが、不可欠な存在です。韓国や台湾の半導体企業のような華やかさはありませんが、私たちも半導体産業を支える企業としてのプライドがあり、そのプライドを社員のみんなにも持ってほしいと思っています。そこで、社員が家族や友人に、「今、働いている会社は、万博に協賛できるほどの企業である」と誇れる、そういう機会を提供したいと考えたのです。

福岡 「おかげ、おかげの下で生きなさい」という母の教えが、田中社長の根底にあるのですね。

田中 私の経営哲学や人生観の根には、母の教えがあります。私は7代続く江戸っ子の家に生まれました。幼少時には、近所の池上本門寺で、40人ほどの男たちが神輿を担ぎ、境内に上がっていく夏祭りによく行きました。神輿の上で、若い衆頭が金色の扇を振って音頭を取る姿が印象的でした。私が母に「僕も神輿の上に乗りたい」と言うと、母は「担ぎ手の気持ちが分からずに、上に乗っちゃ駄目だよ」と教えてくれました。神輿の上の若い衆頭は華やかですが、神輿を担ぐ若い衆たちは、汗だくで、鼻筋だけに白粉を塗る男化粧も落ちてドロドロになっていました。このときの記憶は強烈で、今も働いている人々の気持ちを理解せずに社長になることは許されないと、心に刻んでいます。

ですから起業して社員が200人くらいだった頃までは、社員の家族を連れてきてもらい、全社員と家族ぐるみで食事する機会を持つようにしていました。あなたの子どもが、亭主が、お母さんが働いている会社の社長はこんな男だということを分かってもらうためにです。今は社員が2000人近くになって、さすがに難しくなりましたが、できる限り機会を設けています。

企業の存続にも、「壊す」が大事

福岡　企業のイノベーションの創出と生命の誕生、企業の存続と生命の維持など、経営には動的平衡の視点が活かせると思いますが、田中社長が考えるイノベーションとは何ですか。

田中　イノベーションというと新しいものを創出し、社会に貢献し、利益を生むことを想像しがちです。確かにそれも必要ですが、私にとってのイノベーションとは、余分なものを取り除き、視野が広がり、物事がより楽になることだと考えています。例えば、日本人には「昔からやっていることは変えてはいけない」という性質があるように思います。

半導体分野では異物除去や表面加工のために高圧ガスが使われますが、私たちの事業のひとつにその供給が含まれています。「高圧ガス保安法」では、半導体製造に用いる超高純度ガス容器は、5年に一度検査が必要とされています。従来の検査方法は容器に水を張り、圧力計を装着して、水圧の変化がなければ合格とされました。しかし、容器内部の洗浄や乾燥に時間がかかり効率が悪く、検査費用も高額でした。私は「水圧ではなく超音波検査で瞬時に異常を見つけられるはずだ」と提案しましたが、「法律で定められている」との返答でした。それならばと、顧客と共同で法律改正を目指し、2014年に、経産省の「企業実証特例制度」により、一部で超音波検査が認められました。

数十年変わらなかったものが変わったというのは、立派なイノベーションだと思っています。

超音波検査はその後、一般化され、現在では当たり前のものとなりました。

こういった悪しき慣習が日本にはまだまだ多いのではないかと思っています。企業の場合は「10の細胞がなくなったら10の細胞をつくる」だけでは不十分です。「10なくなったら12つくる」というくらい、企業は常に青春期のように成長し続けるべきだと思います。なぜなら、同じところにとどまることは、他が成長することで、むしろ後退を意味するからです。成長が止まると、そこから凋落が始まるのです。

福岡 それも動的平衡の一面です。生命現象は、常に自分を壊しつつ新たに作り直し、エントロピー増大の法則にあらがいながら坂道をのぼるようなものです。これがいのちであり、動的平衡の本質です。

しかし、いのちには限りがあります。そのため、やがてはのぼり続ける力が衰え、やがて平衡状態になり、壊れる方が多くなっていきます。そして、最終的には個体としての生命は失われます。ただし、そのいのちは誰かに受け継がれ、ある種の利他性によって動的平衡はつながれ、保たれるのです。いのちは生まれてから成長し、老い、やがて消えていきます。いのちの有限性があるからこそ、一生懸命に生きられるわけです。もし不老不死であれば、今日できることを明日に先延ばしし、創造的なことをしなくなるでしょう。生命は有限ですが、それは38億年の間つながれてきたもので、企業もまた新しい血を入れて古い血を捨てながら成長を続ける「いのち」だと言えるでしょう。

一方で、経営者の場合は、企業を生命のように持続させなければなりません。企業が「終わり」を迎えると社員が困ってしまうため、いかにして企業を保ち続けるかに腐心されています。しかし、ここには単なる金銭的な利益だけではなく、利他的な考えも含まれている。生命は、本質的に利他的で、他の生物や生命全体のことを考えながら進化してきました。企業もまた、動的平衡と共通するものがあるのです。

半導体は産業界の細胞

田中 私は福岡先生の「利他」という考え方にも、強く共感しています。社会のため、他者のために役立つ存在になることを考えるのは重要ですね。特に半導体業界は、日本の企業が部品の製造工程を支えなければ成り立ちません。今はプロセスなり材料なりを含めると、約7割が日本製ですから、利他的な思考がなければうまく回りません。他の業界も、日本の企業に見られる「エンドユーザーがもっとも尊い」という考えが改善され、利他的な社会が形成されれば、もっと強い経済が築けるはずです。

福岡 そうですね。生態系でも鳥や虫が他の生物に資源を提供し、自然界が利他的な関係で成り立っています。しかし、人間はどうしても利己的になりがちです。

田中 私も栗田工業に所属していたとき、組織の枠に囚われることを嫌い、自分の信念に基づき行動してきました。新たにジャパンマテリアルを創業したのも、あくまで「利他的な存在として企業を支えたい」との思いがありました。私たちはベトナムに会社を設立し、現地で採用し、トレーニングして、日本に呼ぶ取り組みの準備をしています。財団を設立し、ベトナムから日本に留学している学生を対象に奨学金も支給しています。奨学金で育った学生は、ジャパンマテリアルに就職する義務はありません。日本の大学で学んだあと、ベトナムに戻る人も多いです。でも将来、ベトナムの役所に勤めて偉くなったとしても、日本でのことを覚えていると思います。その頃にはもう私はこの世にいないかもしれませんが、日本にお世話になったこと、日本の会社の奨学金に助けられたこと、そういった記憶が残り、そして日本に親しみを感じ、ひいては両国の関係が良くなることにつながれば、うれしい限りです。

福岡　利他性ですね。利他性には、絶えずそのような返報性がある。そこが大事なところです。日本の将来を見越しての取り組みをされている田中社長は、半導体の産業の未来について、どのように考えていますか。

田中　半導体産業について言えば、日本国内で日本人だけで半導体を作るというこだわりを捨て、世界中から優秀な人材を集めれば、再び日本は飛躍できると思っています。日本の半導体工場を世界の人材が運営する形にすれば、より強くなります。半導体は最先端をいく一方で、安全性を重視して材料や工程を変えません。仮に失敗すれば、取り返しがつかないほどの損失が生じるからです。こうした点からも、日本がその地位を維持するためには、さまざまな国からの人材を受け入れる必要があるのです。

福岡先生がおっしゃるように、いのちは続いていくものであり、つながりの中にあります。企業も同様で、ジャパンマテリアルという企業は、全社員の努力が一体となった「いのち」なのです。そして、それが永遠に続くべきだと考えています。日本そのものも同じで、純粋な日本人という概念から多様な人材が交わり、より強いいのちとしてつながれていくべきだと思います。

福岡 ありがとうございます。いのち動的平衡館のメッセージも、まさにいのちがつながれていくことに焦点を当てています。個々の生命には有限性がありますが、そのエネルギーや粒子は次の生命に引き継がれます。このつながりこそが動的平衡であり、ジャパンマテリアルさんの理念と非常に共鳴していると感じます。田中社長はかつて「半導体は産業界の米だ」とおっしゃっていましたが、今では「半導体は産業界の細胞だ」と言っていますね。

田中 そうです。今や半導体は本当に重要な細胞となっています。日々の生活の中で、半導体が使われていない製品を探す方が難しいほどで、もし半導体がゼロになってしまったら、どうやって生活していけばいいのか、想像すらできません。そんな重要な半導体産業を支えている、それが私たちの矜持です。

対談

「矛盾的共存」を実現する経営哲学

×

澤田 純

NTT〔日本電信電話(株)〕 取締役会長

澤田 純　Jun Sawada

1955年生まれ。78年京都大学工学部卒業、日本電信電話公社(現NTT)入社。2008年NTTコミュニケーションズ取締役、12年副社長。14年NTT副社長、18年NTT社長に就任。光技術を使った通信基盤「IOWN」構想を発表。22年から現職。23年より経団連副会長も務める。23年一般社団法人京都哲学研究所を設立。

生命も企業も矛盾の中に

澤田　個人的に、「動的平衡」という概念に非常に感銘を受けています。実際に動的平衡というと、例えば生きるために先に壊すといった矛盾を抱えているわけですが、生物が矛盾を抱えながら生きる姿に深い意味を感じます。企業組織も、公共性の維持と競争の両立という矛盾を抱えています。動的平衡という矛盾を超えて、エントロピーの拡大を抑えながら生きる生物のように、企業もまた矛盾した課題に向き合うべきだと思います。

人間は相互依存の中で生きており、企業もまた同様です。単に商品の売上や利益を追求するだけではなく、他者との相互関係の中で成り立っています。いわゆるマルチステークホルダー論が示すように、多様な利害関係者との関わり、影響、圧の中で、予測し、適応し続ける必要があります。いわゆる動的平衡を保っています。この点において、生命と企業のあいだには確かに類似性があると言えるでしょう。ただ、企業は成長し続けなければならないという点で、生物とは異なります。企業には競争相手が存在し、同じやり方を続けていると市場や顧客を失う可能性があるからです。そのため、企業には絶えず成長し、競争に対応する力が求められます。

福岡　そうですね。人間の組織と、細胞の集まりである生命体には共通点が多くあります。ひとつは、「エントロピー増大の法則」という宇宙の大原則と戦う必要がある点です。生命体は頑丈に作られているわけではなく、むしろ柔軟に作られ、先回りするように自らを壊しては再生する、あるいは細胞がある程度死にながら新しい細胞と置き換わることでエントロピーを汲み出し、絶えず自分を変化させながら、維持しています。

細胞と細胞のあいだにも、ある種の協調があるし、個体間の協力・共生も見られる一方で、競争も存在します。ただし、その競争は相手を殲滅《せんめつ》するものではなく、せめぎ合いの中でバランスを保つものです。食う・食われるという関係であっても、環境で共存するために、双方の個体数が増えすぎないよう調整されています。このような「動きながらバランスを取る」という性質を、私は「動的平衡」と呼んでいます。この動的平衡こそがサステナビリティにつながり、組織と生命体が類似している重要な点です。また、『善の研究』で知られる西田幾多郎の哲学にある、「相矛盾するものが共存する状態こそが実在である」という考え方とも一致します。

澤田　産業界における歴史を振り返ると、福岡先生がおっしゃったような生命科学や生物学に基づくダイナミズムは、これまであまり注目されてきませんでした。むしろ、産業界では「利益をどう上げるか」という非常に単純化された視点が中心でした。しかし、例えば自動車業界の伝説的な実業家・アイアコッカは、「株主は最優先ではなく、最後でよい」という趣旨の発言をし、当時からマルチステークホルダー論に近い考えを提唱していました。それでも、長い間、右肩上がりの成長や総取りモデルのような資本主義が主流でした。ただ、近年のカーボンニュートラルの議論などを踏まえると、より生物学的で自然に即した視点が求められるようになっています。ドイツの哲学者マルクス・ガブリエル氏が提唱する「倫理資本主義」という考え方もありますが、やはり利潤を追求するだけでは成り立たない社会にきていると思っています。

福岡　競争しながら共存する。カーボンニュートラルや環境問題についても、エネルギー問題ではなく、エントロピー問題として捉えるべきです。例えば、炭素の循環を考えると、人間自身も炭素で構成されているため、「脱炭素」は無理があります。いかに二酸化炭素の濃度上昇というエントロピーの増大を抑え、循環系に戻すかが重要で、あらゆる経済活動は、実はエントロピーを下げることに価値が生まれるとも言えます。企業活動においても、こうした生命を捉えるときに重要な考え方、「エントロピー思考」「動的平衡」「利他性」を取り入れれば、持続可能な状態になると思います。

澤田　経済活動は利己的なものとして始まりましたが、そこに利他的な視点が加わることで、生命や自然に近いモデルに近づきます。

福岡　エントロピーを捨てるという行為が、ただ利己的に、自分だけ良ければいいという形で、周囲にゴミを撒き散らすようなものであれば、それは局所的な幸福に過ぎず、全体の利益にはつながりません。利他的な視点でエントロピーを次世代に活用できる形に循環させ、最終的には太陽エネルギーを利用して植物に、よりエントロピーの低い状態に戻してもらう。そうしたサイクルにバトンタッチすることが重要です。この循環の中に、利己的な中の利他性があります。

分断と孤立が進む世界、哲学が止める

澤田　ガブリエル氏によると、日本の「三方よし」のような伝統的な概念が、彼の提唱する「倫理資本主義」に非常にフィットするとのことでした。日本古来の経済に対する考え方が、実は世界的に求められているのではないでしょうか。この議論は、生命の本質やそのあり方を探ることと、等価になっていくと思います。

福岡　澤田会長はガブリエル氏をアドバイザーに迎え、２０２３年に京都哲学研究所を設立されましたね。混迷の時代と言える現代、人々は本質的なパラダイムや生命観、世界観を求めているのではないでしょうか。今、日本の京都から哲学を世界に向けて発信することは、現在の世界の主流的なフェーズに対するアンチテーゼとして、大変意義のあることだと思います。

澤田　ありがとうございます。西洋と東洋の考え方が両立し、理解し合えるような、新しい哲学をつくるべきだと考えています。それは自然界のあり方にも通じるものです。

福岡　自然には西洋も東洋も境界がありません。ガブリエル氏のような方を媒介者として、日本古来の自然観を基盤とした思想を、世界共通の言葉で伝えていくことは、意義のあることだと思います。そして、20世紀の万博はテクノロジーや物産の見本市のようなものでしたが、21世紀の万博はビジョンや思想を共有し、再発信する場であるべきです。それは単なる知識ではなく、哲学だと思います。

澤田　現代は分断が進み、それぞれが原理主義に傾くことで競争だけが際立つ状態になっています。貧富の差が広がり、哲学者のあいだでも議論されていますが、それが「ホモ・デウス」のような考え方につながると、今度は寿命の格差のような新たな問題が浮上します。

福岡　確かに「ホモ・デウス」が提示する未来像には、生物学的視点が欠落していると感じます。単に機械と生命を融合させたり、寿命を延ばしたりするだけでは不十分です。生命はエントロピーと戦いながらも、最終的には敗北する有限性を持っています。その有限性こそが生命を輝かせているのであり、不老不死を追い求める発想には違和感を覚えます。

澤田　西洋哲学的に捉えると、進化の議論や社会が進化するという考え方が、「西洋が啓蒙する」という思想につながってきました。この数世紀間において、植民地主義への反省を含めて、そのような概念が見直されてきたと思います。ただ、人間を霊長類の頂点に位置づけるような考え方は、マスタースレーブモデル（マスター〔主人〕とスレーブ〔奴隷〕という役割を持つ構造のこと）のようなヒエラルキー構造を生み出してしまいます。自然界には食物連鎖上の関係があるものの、必ずしもそうした一方的なヒエラルキーが存在するわけではありません。

福岡　最終的には自然に還るという考え方があります。人間が頂点に立つような「人間中心の霊長類モデル」は誤った見方であり、本来の自然はより分散的で、トップダウンではなくオートノミー（自律）的なものです。人間も進化の過程で最後に現れた、ある意味で「外来種」と言えますからね。地球環境に負荷を与えている以上、人間はもう少し謙虚になるべきです。

科学と哲学が近づくとき

澤田　今の社会は一面的な視点に偏りすぎているように思います。例えば、効率性や経済的利益だけが優先される状況です。人間の本質はポイエシス（創造性）にあります。新しい考え方や物、商品を生み出すことが人間たる所以です。その結果として富や利益が生まれることはありますが、創造なくして富が蓄積されることは本質的にありえません。しかし、今はお金をただ置いておくだけで増える仕組みがある。これでは、人々が働かなくなってしまいます。私個人としては、お金にマイナス利子があった方がよいと考えています。置いておけば減るような仕組みです。

福岡　それはまさに生命的な考え方です。置いておけば腐る、つまり価値が失われるというのは生命に通じます。置いておくだけで勝手に増える。これは一体何なのでしょう。

澤田　人間は不安だから貯めるのでしょうね。でも、不安だからこそ使うべきなのです。スキーのように、後ろに引くと倒れてしまいますから、前に進むことが重要です。生命も同じで、わざと前のめりになって不安定な状態を作り出し、次の段階を生み出していくのです。

福岡　そうですね。安定を目指しすぎると失速してしまいます。デフレのような状況を生み出し、将来へのチャレンジが減少します。年齢に関係なく、挑戦し続ける姿勢が必要です。それが未来を明るくする鍵だと思います。

澤田　当社も、大阪・関西万博のパビリオン「ＮＴＴ　Ｐａｖｉｌｉｏｎ〝Ｎａｔｕｒａｌ〟」を通し、明るい未来を示しています。光技術を用いた次世代通信技術「ＩＯＷＮ」を使い、遠隔地にいる人と触れ合うような感覚を得られる、新たな通信体験を展開します。

ＳＮＳは基本的にはテキスト中心のコミュニケーションです。自然なコミュニケーションとは異なり、基本的にテキスト、一部ビジュアルで、私たちが本来持つ五感や第六感を活用した包括的なコミュニケーションには及びません。

将来的には、五感や第六感を活用した「リッチコミュニケーション」が主流になるでしょう。それは、いわば本来の自然なコミュニケーションの形に戻るということです。例えば空気感や感情を共有できる技術が発展すれば、より自然に近い形で人と人がつながる未来、理解が深まる社会が実現すると思います。

福岡　おっしゃるとおり、人類は言葉を作り出し、記録するために書き言葉を発展させてきました。その結果、テキスト至上主義のような考え方が強くなりました。また言葉は、人間を自然の掟から自由にする道具でもあります。物事に名をつけ、概念化する力があり、世界を構造化する強力な作用を持つ。言葉のおかげで、人間は、種の保存という、遺伝子の命令の存在を知り、同時に、その命令を相対化することに成功し、個の生命の自由を勝ち取ることができました。しかし、生命本来のコミュニケーションのあり方から見ると、言葉だけに依存するのは大きな情報量の削減、あるいは解像度の低下を意味します。テキストだけに頼ることは、コミュニケーションの劣化と言えるかもしれません。
シンギュラリティ（ＡＩや他の技術が人間の知能を超える未来の時点）の議論では、ＡＩが大規模な言語処理を通じて自然言語に近づき、人間の脳に接近してきたと考える人も多いようです。しかし、ＡＩが言語処理を行うためには膨大な電力を使用します。現在ＡＩシステムを冷却するために膨大なエネルギーが使われていますが、人間の脳が同じことを行う場合、わずか20ワットで済むわけです。この違いを見ると、シンギュラリティはそう簡単に訪れないと感じます。

澤田 そうですね。特に「意識」というものが何なのか、まだ解明されていません。脳がどのようなネットワークでつながり、どのような方式でこれほど低エネルギーで機能しているのか、まだ分かっていません。私はおそらく量子論だと考えています。

福岡 そうですね。量子もつれを神経細胞同士がうまく行っていて、しかも膨大な数の量子もつれが一斉に起こると、ノイズよりもシグナルが出てくるような仕組みになっているのではないかと思います。

澤田 その点は非常に興味深いですね。ネットワーク技術の観点からも魅力的な研究対象です。現在のＧＰＵを多用するモデルも、長期的には一時的な形態に過ぎないでしょう。光電融合技術が進むと、データセンターの形態も大きく変わると思います。その先には量子通信や量子コンピュータの時代が待っています。ところで、ミミズに意識はあるのでしょうか。

福岡 おそらく意識はあると思います。人間のように明確な意識ではないかもしれませんが、意識を

澤田　「選択」と捉えれば、単細胞生物であるアメーバにも、意識があると言えるのではないでしょうか。危険があれば逃げ、餌があれば向かいますが、仮に等価なY字路があったとしても、アメーバはどちらかを選択します。その行為には意思が働いているように思います。その一瞬一瞬に、生命はエントロピーを超えて自由な選択を行い、次の段階へ進むことができます。

福岡　一瞬一瞬を積み重ねた連続帯が時間ということになるわけですね。これは西田哲学とも通じるものがあります。時間と空間が同一に存在している、それが現在であるという考え方です。

澤田　そのとおりです。西洋哲学では時間と空間が分けられ、ニュートン的な均一な時間の流れとして捉えられてきましたが、これは異なる発想ですね。

福岡　アインシュタインも時空間は一体だと述べていますが、量子力学では「時間がない」とされています。この点は西田哲学と一致する部分です。

澤田　多くの科学的発見が、哲学者の言葉に近づいてきているように思います。言葉の解像度は異なるものの、考え方としては重なる部分が多いですね。自然の本質に立ち返ることが求められているのではないでしょうか。

「動的平衡」という概念は、現代社会にも適用できる重要なモデルだと思います。例えば、軍事抑止力なども動的平衡の一種と言えるでしょう。専制国家や紛争が存在する世界では、動的平衡こそが解決の鍵となるのではないでしょうか。

対談

自然に学ぶ、
生物に学ぶ、
生命に学ぶ

×

森 雅彦

DMG森精機(株)　取締役社長

森 雅彦　Masahiko Mori

1961年生まれ。京都大学工学部卒業後、85年伊藤忠商事入社。93年同社退社、93年森精機製作所(現DMG森精機)入社。99年、37歳の時、父親である先代(森幸男)を引き継ぎ社長に就任。2003年に東京大学大学院にて工学博士号を取得。一般社団法人日本工作機械工業会副会長、京都大学イノベーションキャピタル取締役、学校法人東大寺学園理事・評議員を務める。

企業運営と生命の営みは似ている

森 ＤＭＧ森精機は、工作機械メーカーです。自動車、半導体、航空機、金型、医療機器など、さまざまなモノづくりに使われる機械や装置の部品を製造しています。

福岡 「機械を作るための機械」ということですね。現在の課題としては、やはりＡＩとの連携でしょうか。

森 そのとおりです。工作機械業界は、コンピュータ制御を最初に取り入れた産業のひとつです。その後、ロボット技術も加わり、現在ではＡＩを搭載した最新技術が応用されています。

実は私は、学生の時に医師になるか迷ったほど、生物学や生命科学には関心があります。生物の進化や群れの行動、代謝サイクルなど、企業経営に活かしています。業界的にも、生物に学ぶ設計が注目されており、ソフトウェアのプログラムや機械の構造、特に流体工学の分野（空気や水を流す構造など）においては、生物の内部構造が非常にスムーズで見本となります。

しかもアディティブ・マニュファクチャリング（3Dモデルデータを基に、材料を積層・付加して造形物を実体化する加工法）技術が発展し、機械、医療、航空宇宙など多くの産業分野ですでに確固とした地位を築いています。形状の多様性や、幅広い材料での使用など多くの利点があり、金属で生物の血管のような形状を作ることも可能になりました。また、３次元ＣＡＤの進化により、生物の構造を再現する設計も実現しています。こうしたことも私たちの業界が、バイオの世界へと目を向けるきっかけとなっています。

福岡　個人的にも、業界的にも、自然や生物、生命に学ぶこと、に注目しているということですね。

森　そうです。現在、全世界で約５００万台の工作機械が稼働しているのですが、これをひとつの生態系と考えると、さまざまな無駄があることが分かります。二酸化炭素排出量削減などのグリーントランスフォーメーション（以下、ＧＸ）を追求すれば、約１００万台に集約することが可能なのです。しかし実際は、生態系の中で利害が絡み合い、群れの方向性をどう定めるかが課題となります。もし１００万台に集約できれば、一直（ひとつのシフト）で必要なオペレーター数が全世界で約５００万人から１００万人に削減できる見込みです。さらに、ロボットによる自動化も進み、少子高齢化に対応しながら、電力消費を削減することが可能となります。

また、中間在庫（仕掛品）が減少することで、ネットワーキングキャピタルが抑えられ、二酸化炭素排出量削減にも大きく寄与します。電力や材料の削減は環境負荷の低減に直結するため、ＧＸにも良い影響を与えます。同時に、無駄なコストを削減し、キャッシュフローが向上することで、お客様にも利益をもたらします。

当社の工作機械は約30万台稼働していますが、５００万台全体の中では良いサンプリングになると思います。このデータを活用し、最適化を進めることが可能です。

福岡　なるほど。生物学と工学は異なる分野のようでありながら、共通の理解のある点が非常に興味深いです。森社長は生命に学ぶ姿勢を持ち、非常に生命の本質に近い視点を持っておられるように感じます。

森　企業運営は生命の営みと非常に似ています。私は点群管理のイメージで、人間もデータも点の集合体であり、ばらつきを観察する際に点群として捉えることが重要だと考えています。社員が出入りを繰り返しながら、組織全体が進み続けています。

福岡　確かに、生物は眼前の複雑な課題を、直感的に最適化して解いています。群れの動きも、数値制御で実現するのは難しいですが、イワシや鳥の群れは驚くほど精妙に動きます。このような仕組みを学び、組織論や産業に活用することで、効率化が可能になる。まさに動的平衡で、社員は入れ替わるけれども、森精機というブランドは守られるわけですね。

未来のネット社会の自由と秩序

福岡　ところで、私はフェルメールが好きなのですが、森社長も音楽や美術などの文化・芸術支援を広くされていますね。

森　私は以前、中川一政やベルナール・ビュッフェといった有名画家の作品をコレクションしていたのですが、数年前に、現代美術家で、京都芸術大学教授の椿昇先生に「亡くなった人の作品を買っても、本人に渡るわけではないんだから、それよりも若い作家を支援した方がよい」と諭され、「なるほど」と思いました。それから毎年、十数点ほど若手作家作品を購入し、工場などに展示しています。現在では、200点ほど所蔵していますが、少しでも、現役の作家さんの支えになれたらと思っています。

福岡　それはすばらしい取り組みですね。利他精神で、未来に向けてもアート市場を支えていらっしゃるのですね。他に、これからの社会の姿をどのように捉えていらっしゃいますか。

森　2030年を越えると、ほぼすべての機械が完全に接続された世界が実現し、動的で新しい社会の形が見えてくるでしょう。今のネットの世界は〝警察のいないハイウェイ〟のようなもので、混沌とした自由があります。しかし、未来には規律が生まれ、より秩序だったネットワーク社会が構築されるはずです。

福岡　警察のいないネットワーク世界には、どのような秩序が生まれますか。

森　そのときに生物の世界が大いに役に立つと思います。

福岡　確かに、生物の世界にお巡りさんはいないけれども、均衡状態を保っていますね。もちろんあるところでは「食うか、食われるか」の関係ですが、それは決して支配者と被支配者ではなくてお互いにポピュレーション（母集団）を調整するし、両方がいないといけないし、それぞれの生物がまた別の生物とつながる一種の均衡状態を保っています。自然は全部がつながっているから安定しています。機械ももしうまくネットで相互につながって、住み分けが成り立てば、安定するかもしれませんね。

森　福岡先生は「顕微鏡で蝶の羽の中にミクロな小宇宙を見た」ことがきっかけで、生物学者になられたのですよね。私も、細胞を突き詰めていくと原子の構造が見えてきて、それが宇宙の広がりとどこかでつながっているのではないか、という感覚があります。

福岡　まさにそのとおりですね。細胞を観察するだけでも、そこに宇宙が見えます。極小の中に極大が含まれ、壮大な世界の中にミクロの動きがある。世界は円環的につながっていて、まさに『パワーズ・オブ・テン』（1968年に制作され、1977年にリメイクされた短編映像作品で、宇宙の広がりと微小な世界を10の累乗〔10倍、10分の1倍〕で視覚的に表現した科学映像）の世界です。

森　「いのち」を見つめるとき、最先端の技術、例えば3Dプリンティングなどに触れると、生物の仕組みがどれほど巧妙であるかに驚かされます。同時に、宇宙の起源やその壮大さを考えると、恐ろしくもあります。そういった人知を超えた領域に、生物のいのちの神秘性や厳粛さを感じざるを得ません。

福岡　あらゆる生物が少なくとも1億年という時間をかけて最適化されてきた結果が今の姿です。自然は無限のデザインリソースであり、そこから学ぶことには大きな意味があります。また、生物が使っているシステムや組織には、それぞれの目的に適した構造が備わっています。
「いのち」は競争ではなく利他的な変化を促し、自己を積極的に変えていくもの。今回の大阪・関西万博は、そういった哲学を日本から世界へ発信する場でありたいと願っています。

対談

自ら考え行動し、進化する「考働」

×

武田一平

ニチコン(株)　代表取締役会長

武田一平　Ippei Takeda

1941年生まれ。早稲田大学商学部卒業。63年日本コンデンサ工業(現ニチコン)入社。米子会社社長、取締役国際部長などを経て98年に社長兼最高経営責任者(CEO)、2007年から現職。京都経営者協会会長などを歴任。

ニチコンの変革は、まさに動的平衡

武田 当社は1950年の創立以来、あらゆる電子・電気機器に不可欠なコンデンサを製造、販売してきました。コンデンサとは、電気を蓄えたり、放出したりする機能を持つ電子部品のことです。以前は「コンデンサのデパート」と称されるほどでしたが、時代とともに、強みのある分野に注力する戦略を取ってきました。

福岡 確かに細胞は、小さなコンデンサのようなものですね。電気エネルギーは常に流れていて、貯めるのが難しいものです。それでも細胞は電気エネルギーを活用しています。細胞はどうやって電気を貯めているかというと、細胞膜という薄い膜に、小さなトンネルのような仕組みがあり、そのトンネルを通じて細胞内のナトリウムイオンを外に汲み出しています。その結果、細胞の外側と内側でナトリウムイオンの濃度差が生まれ、外側にナトリウムが多い状態を作り出します。これは、ダムに水を汲み上げるのと同じで、どこかが開くとナトリウムがドッと細胞内に入ってきます。そして、このとき電気が流れます。濃度差によって電気が流れる様子は、まさにコンデンサと同じです。

武田 ただ、困ったことに、家電メーカーに製品を提供する際に、毎年5～10%の値引きを求められるのがお決まりでした。私が入社した当時、15円で販売していた製品が、13円、12円と値引きされ続け、ついに1円を切るところまできた。私が取引先に「そんなバカなことはないだろう。いつまで続けるつもりですか」と、抗議すると、相手からは「申し訳ありませんが、ゼロになるまでやります」と返答されました。そのとき私は強い危機感を覚えました。

そこで考えたのが、付加価値を持つ製品を開発することや、セットメーカーから逆に価値を感じてもらえる仕組みを構築することでした。当時、私たちには中間部品を作るための技術があったので、それを活用してまずは中間部品を開発しました。そして、技術を磨きながら将来的には完成品を作る方向も模索しました。

「価値ある製品を創造し、明るい未来社会づくりに貢献すること」という理念を掲げ、単に利益を追求するだけでなく、社会や環境に役立ち、持続的に成長する企業を目指しました。

ちょうどその頃、本社ビルを建てる計画があり、環境に優しいビルにしたいと考え、ビルの屋上に太陽光パネルを設置し、自然エネルギーを活用して電力を供給する仕組みを導入しました。しかし、太陽光発電からは昼間しか電力が得られないため、夜に使う電力を確保できないという課題がありました。当時は蓄電システムが確立されていなかったので、それならば自分たちで作ろうと、好きなときに使えるようにする「蓄電システム」の開発に着手しました。日本で初めてこの分野に取り組んだ当社はその後、家庭用蓄電システムや公共・産業用蓄電システムなどの製品を開発し、ビジネスとして確立しました。それに伴い、私たちはＢｔｏＢの部品メーカーからＢｔｏＣの完成品メーカーへの挑戦を余儀なくされました。それまでのノウハウでは対応できない部分も多かったのですが、家電メーカーから、総勢約２００人の方を採用しました。他社から来た人材がニチコンの一員として組織を補完し、強化してくれました。共生する形で組織をさらに発展させてくれたのです。

福岡先生の著書を読み、直接お話を伺う中で、これまで私たちが行ってきたこととは、まさに動的平衡ではないかと感動しました。自分たちの取り組みに確信を持つことができましたし、大きな学びにもなりました。

福岡

まさにそのとおりで、生命は変化し続けることで生き延びており、死なないために変化し、小さな変化を積み重ねて大きな変化を回避しています。かつては大きな細胞と小さな細胞が競い合っていましたが、やがて大きな細胞の中に小さな細胞が入り込み、共存するようになりました。小さな細胞は得意分野で大きな細胞に貢献し、大きな細胞は小さな細胞を保護する。こうして競争ではなく共生が生まれ、細胞内にミトコンドリアや葉緑体などの複雑な仕組みが形成され、大きな進化が起きたのです。これはまさに、武田会長が進めてきた取り組みと同じように感じます。コンデンサだけを売っていては環境の中で生き延びられない。そのため、コンデンサに他の要素を組み合わせ、中間的な製品を開発し、さらに進化の過程で環境システムを開発した。また、他のメーカーから人材を呼び込み、大きな細胞の中に小さな細胞を取り込むように組織を構築された。これは生命の進化プロセスと非常に似ています。

変化に備え、絶えず変わり続けるための「考働」

福岡　これまでのコンデンサ事業に加え、新たにＮＥＣＳＴ（Nichicon Energy Control System Technology）の２本柱になり、社員の意識も変わりましたか。

武田　やりがいやモチベーションの向上につながりました。特に太陽光という無限のエネルギーを活用し、クリーンエネルギーで電力を生み出す蓄電システムや、ＥＶやＰＨＶの大容量バッテリーから電力を取り出し、家庭の電力として使用できる仕組み「Ｖ２Ｈ（Vehicle to Home）システム」、非常用電源やアウトドアでも活用できる可搬型の「Ｖ２Ｌシステム」といった環境製品を扱うことになったことで、製品を作る社員のモチベーションも上がり、「自分たちが地球環境を良くしている」という自負が芽生えています。なぜなら、当社の製品が一台売れるたびに、社会にクリーンな空気を提供しているという実感が得られるからです。

当社では、考えて働く、という意味の造語「考働」を大事にしています。単に行動するだけでなく、効果を考えながら誠心誠意をもって取り組むことを指します。「考働」の精神を基に、社員一人ひとりが新しいアイデアを出し合い、自ら考え、行動し、新しいものを生み出していく。これが当社の文化です。生命の細胞もまた、自ら動き、環境に適応しながら進化していくものです。

福岡　武田会長がすばらしいのは、未来を先取りし、環境の変化が起きる前に率先して行動されていることです。それは生命の仕組みにも通じる考え方です。例えば、急に寒くなったから何かをする、酸素が足りなくなったから何かをするでは遅すぎます。生命はあらかじめ変化に備え、絶えず変わり続けることで環境に適応しています。そして、古くなったものをただ捨てるのではなく、新しいうちから壊しながら再構築し、エントロピーの増大を抑える。これが生命の本質的な仕組みです。ニチコンさんが武田会長のリーダーシップのもと、常に変革を続けてきたのは、まさに生命の適応と進化のプロセスに似ています。

武田 私たちが目指すのは、環境問題を中心に社会に貢献し、住みやすい地球環境を作り上げる一助となることです。もちろん、すべてを一企業で実現することはできませんが、その大きな仕組みの一部、細胞のひとつとして、役立つ存在でありたいと考えています。

福岡 私がＥＸＰＯ'70を体験した子どもの頃、「未来にはこんなに可能性があるんだ」とワクワクした思い出があります。今の若い世代に、この万博を通じてどんなメッセージを伝えたいですか。

武田 特に万博は、多くの国々の人々が交流を深める良い機会になります。現在、世界では政治的な問題が多く、自国優先の考え方が広がっています。こうした状況の中で、何が欠けているかというと「コミュニケーション」と「利他性」だと思います。言語も文化も歴史も商習慣も違う中で、「誠心誠意」や利他の心は万国共通だと思っています。

対談

いのちをつなぐ、
松《まつ》脂《やに》の世界

×

高木信之

荒川化学工業(株)　代表取締役社長執行役員

高木信之　Nobuyuki Takagi

1964年生まれ。88年神戸大学工学部卒業、荒川化学工業入社。取締役、専務取締役を経て2024年より現職。

挑戦し続けることで未来を切り開く

高木　当社の創業は1876年で、創業者である初代荒川政七は、生薬商を営んでおり、扱っていた生薬のひとつに「松脂《まつやに》」がありました。松の木に傷をつけると流れ出てくる松脂は、昔から身体によいとされており、ロジンと呼ばれる樹脂と、テレピン油と呼ばれる油に分かれます。当社ではロジンという樹脂に特化してさまざまな産業に活用してきました。特に紙のにじみ止め剤として使用される技術は北米で発展したものですが、これを日本国内で国産化したのが当社のメーカーとしての生業の始まりです。

2023年に、当社発行の技術情報誌「荒川ニュース」の企画で、福岡先生と対談させていただき、「動的平衡」という考え方に触れ、企業経営と共通点があると感じました。生き物は常に自らを壊しながら維持している。しかもそれは単純な新陳代謝ではない。駄目になったからではなく、できたてほやほやに近くても壊すというのは、非常に興味深いです。

福岡　生命現象というのは、単に古くなったものを新しくする新陳代謝を行っているわけではなく、自らを積極的に壊しているのです。それは「使えなくなったから捨てる」というものではなく、たとえ新しい状態に近くても壊して作り替える必要がある。それほどまでに再構築をしなければ、生命を維持し続けることができないということです。

しかも、自分自身を壊すだけではなく、作り上げた材料やエネルギーを放出し、他の生物に手渡し続けているのです。これは「捨てる」のではなく「バトンタッチ」をしている行為です。つまり、生物は単に利己的に生きているのではなく、利他的に存在しており、動的平衡を保ちながら利他性を持っているのです。

高木　それは、企業経営にも必要だと感じています。企業が存続するためには、時代の変化に適応し、事業形態を変化させていく必要があります。しかも、ただ単純に現状維持を目指すだけでは不十分で、社会に役立つ存在であり続けなければならないのです。

当社の場合、例えば、紙のにじみ止めや印刷インキ用の樹脂は、デジタル化の進展に伴い需要が減少しています。そのため、これらの事業は市場規模に合わせて縮小しつつも利益を出し、新たな事業も開発していく必要があります。しかし、新規事業は何でもいいというわけではありません。社会のサステナビリティに貢献する事業の開発が重要課題となっています。新規事業は「千三つ」程度の成功率と言われるほど困難ですが、挑戦を続けることで未来を切り開いていきます。この過程が、動的平衡を保ちながら生き続ける生命に似ていると感じています。

いのちとは、宇宙とは、意識とは

高木　実は私、宇宙に興味がありまして、例えば「ビッグバン以前には何があったのか」などと昔から考えていました。ただ、非常に難しい物理の世界なので、深く踏み込むことはできませんでした。それでも「生命の起源とは？」「死んだら意識はどうなるのか」「私たちはどこから来て、どこへ行くのか」など、今でもふと考えることがあります。答えは見つかりませんが、いのちというものは本当に不思議です。意識や生命について、たかだか数十年という時間軸で考えていますが、その間にさまざまな経験や行動を繰り返しています。それでも「意識」とは何なのか、肉体が細胞の入れ替わりで維持されていることは理解できますが、この意識の本質については、死ぬまで悩み続けるのではないかと思っています。

福岡 その疑問は、最先端の科学をもってしても答えが出ていません。ただ、動的平衡の観点から見ると、私たちの意識も身体も、分子や原子が集まり一時的に形成されたものです。それは38億年にわたるいのちの交換の結果であり、私たちの身体を構成する粒子が偶然集まって「私」という存在を作り、生命が終わると再び環境へと散らばり、次の生命の一部となる。それが繰り返されているのが動的平衡です。

そういう意味では、荒川化学工業さんが扱われている松脂は、生命が生み出す材料そのものです。松が利他的に与えてくれたものを活用しているという点で、いのちそのものとつながりを持っていると言えます。

高木 本当にそのとおりです。確かに、ロジンで解決できないことは石油由来の原料で補うこともありますが、原則的には、当社は自然の恵みによって成り立っています。

今後、バイオ系の天然資源を基盤にした新しい事業を開拓したいと考えており、微細藻類に注目しています。筑波大学発のベンチャー企業に資本参加し、新しい事業に育てようとしています。新たなライフサイエンス事業を確立するため、大きなリソースを投入しています。そして新規事業を進める上では、環境に優しいことを外せない要件としています。自然の恵みを活かして社会に貢献するという理念は、当社の基盤として欠かせないものです。

つながりあう「ＫＩＺＵＮＡ」

福岡 荒川化学工業さんでは、絆を大事にされていると伺いました。具体的に教えていただけますか。

高木 当社では「ＫＩＺＵＮＡ」というテーマのもとで社内活動を行っています。この活動は、海外拠点が増えたことがきっかけで始まりました。多様性が増すのは良いことですが、文化や価値観の違いから考え方が異なることも多々あります。しかし、荒川化学グループとしての目指すべき方向性はひとつであるべきですし、経営理念を全社員に理解してもらいたいという思いからスタートしました。荒川化学グループでは、漢字の「絆」ではなく「ＫＩＺＵＮＡ」と表現しています。これはこぼれ話になりますが、「５つのＫＩＺＵＮＡ」の翻訳版を作成する際に、日本語と中国語では「絆」の漢字の持つ意味合いが異なることが分かりました。そのため、相手の文化への尊重を込めて、中国版では「纽带《ニュウタイ》」、台湾版では「牽絆《チエンパン》」としました。

もちろん日本国内でも、社員それぞれが異なる考え方を持っています。だからこそ、迷ったときの指針となるような「荒川化学の基本的な考え方」を全社員で共有し、行動の基盤としていきたいと思っています。

その考え方を具体化したものが「5つのKIZUNA」です。社会の軸・人の軸・自身の軸・技術の軸・顧客の軸、この5つのKIZUNAを道しるべに、経営理念の実践を目指しています。ポケットに入るサイズの携帯カードにして全社員に配布しています。そこには経営理念に基づいた5つのKIZUNAの他に、行動指針、サステナビリティへ向けた取り組み、コンプライアンス綱領、経営実行計画なども記載しています。

福岡　それはすばらしい取り組みですね。松脂は、物と物をつなぐ、まさに〝絆〟のような役割を物理的にも担っていると思います。物と物の境界があるように見えても、自然界では本来そのような境界は存在せず、すべてがつながっています。水の流れが海や川、湖とつながり、森や生命ともつながっているように、人間が引いた国境やラインも本来は人工的なものに過ぎません。

生物は自ら壊すことを率先して行っているのですが、自然の生産物が優れている点は、あらかじめ分解を想定して作られているところです。一方、人間が作る合成樹脂は安価で取り扱いやすいですが、分解を想定していないので、環境の負荷につながります。今後ますます、荒川化学工業さんのように、いかにして自然の力を借りてビジネスに応用していくかが、持続可能な社会の大事なポイントになると思います。

対談

境界のない生命と接合の界面

×

西村哲郎

(株)日本スペリア社　代表取締役社長

西村哲郎　Tetsuro Nishimura

1957年生まれ。80年関西大学工学部卒業後、日本スペリア社に入社。2004年より現職。ISO規格に登録されるまでに至った、鉛フリーはんだ製品「SN100C」を自ら研究開発し、国際特許を取得。同製品の販売を全世界へグローバルに展開する。10年に特許庁「知財功労賞」や「大阪ものづくり優良企業賞2010」最優秀企業賞を受賞。18年日本溶接協会からはんだ部門では初めてとなる「注目発明賞」を受賞。

鉛フリーはんだの大発見

西村　日本スペリア社は、金属の接合材料である「はんだ付け・ろう付け」業界をリードし続けている会社です。

当社の歴史が大きく変わったのは、2006年にRoHS指令（欧州連合による有害物質規制）に対応する形で、日本でも電子機器に使用される鉛の削減が進んだことです。従来のはんだには鉛が含まれており、紀元前3000年頃のエジプトやメソポタミアの時代から使用されていました。しかし、鉛は神経毒性を持つ重金属であるため、環境規制が強化され、鉛を含まないはんだ材料が求められるようになったのです。

多くの研究者が錫と銀を使ったはんだを研究していましたが、同じことを後追いしても仕方ないと、私は銀を使用しない、安価な材料を目指しました。初めは錫に銅や他の金属を混ぜて試しましたが、なかなか成果が出ませんでした。数年間試行錯誤を繰り返し、ほぼ諦めかけた頃、引き出しの中にニッケルの小さな粒があるのを見つけました。それを使って試してみようと考え、ペンチで切って溶融実験を行いました。実験の途中、昼食を挟んだために火が消えてしまい、固まりが生じました。しかし、その固まりを観察すると、それまでとは異なる表面状態が見られました。ニッケルが30ピーピーエム溶け込んだ結果、金属の特性が大きく変化したのです。

福岡　それは大発見ですね。

西村　実際に量産装置で試してみると、従来の材料では不可能だったきれいな接合が可能でした。そこで、松下電器産業（現パナソニック）に試作品を提案し、基板を使った実験を行った結果、驚くほど良好な成果が得られました。それが現在の成功の第一歩でした。

この発見をきっかけに、ニッケルの添加量を調整し、さらに研究を進めました。そして私自身が実験研究を行い、開発した合金を「ＳＮ１００Ｃ」と名づけ、観察した現象を基に特許として申請しました。結果的に、22ヶ国で特許登録され、国際規格になりました。

非常識な発想が、世界のスタンダードに

西村　最初に採用していただいたのは、パナソニックのビデオ事業部でした。その後、製品の実用化に向けた、第二幕とも言える課題が出てきました。私たちが開発した合金を使う際、プリント基板を融けたはんだに触れて馴染ませる工程があります。この基板の回路は銅でできているため、銅が融けているはんだの中に溶け込む現象が発生します。この現象を「銅くわれ」というのですが、銅濃度が上昇すると、はんだの融点も上がり、融けにくくなるのです。大量に何千枚もの基板を処理していると、はんだが「不健康」な状態になり、作業効率が著しく低下して

しまいます。このままでは量産に支障が出るため、なんとかしなければなりませんでした。

そこで、奇想天外な発想ですが、「銅が入っていない錫ニッケル合金を追加してみる」という方法を試しました。当時としては、使用中の合金と補充する合金の成分が異なるなんて考えられないことでしたが、とにかく試してみることにしました。実験を続け、問題なく機能することが分かり、量産化の大きなきっかけになりました。現在では、銅を含まない材料で合金を調整するという考え方は常識となっていますが、当時は非常識と見なされていました。

福岡 すばらしいですね。NHKの〝プロジェクトX〟のようです。

西村 「動的平衡」という言葉自体は難しく聞こえるかもしれませんが、実際にはとても納得できる考え方です。経営も世の中も、バランスを保ちながら成り立っている。今、私たちが見ている自然環境も、バランスの結果として存在しているものですし、環境に適応できないものは絶滅していく。それは恐竜が環境に耐えられず姿を消したのと同じ理屈です。

経営も同様で、バランスを欠けば事業が行き詰まります。市場との接点、供給と需要のバランスが崩れると、在庫が過剰になったり、逆に物が不足したりします。その結果、企業は継続できなくなる。哲学的な話以前に、自然の摂理としてバランスを保つことが基本であり、非常に重要です。

福岡 「動的平衡」と聞くと、一見、陸と海のようにまったく異なるものが切り離されているように思われがちですが、実はそうではありません。海と陸の境界も、よく見ると相互に入り込んでいて、どこまでが陸で、どこまでが海なのか、明確には分からないものです。自然環境の中で完全に分離されているものは何もなく、常に粒子が行き来し、循環しています。その循環の中で、生物が受け入れ、次の循環へとつなげているわけです。

この考え方をもっと大きな視点で捉えなければ、自然や環境を見失ってしまうというのが、動的平衡の基本的なコンセプトです。当初は、金属のような無機的な材料を扱う企業の取り組みと「動的平衡」は合わないのではないかと思いました。しかし、西村社長から「それこそ私たちがやっていることです」とおっしゃっていただき、はんだの接合面の様子を見せていただいたとき、「ここにも確かに動的平衡が存在する」と実感しました。

西村　実際、接合面をマクロで見ると、ただ硬いもの同士がくっついているようにしか確認できません。でも、ミクロの視点で倍率をどんどん上げていくと、異なる金属がつながり、入り組んでいるのが分かります。はんだでキワキワのところが溶けて、土の中に草木の根が伸びていくように、入り組んだ状態でくっついています。さらにこの接合面は、完全に静止しているわけではなく、微妙に動いています。特に金属材料は、温度変化により膨張したり収縮したりします。その環境下で、ただ静止しているように見えても、条件が変わればそれに応じて動きます。

福岡　まさに「動的」ですね。

西村　生物と無機物がまったく同じとは言えませんが、似たような現象が起こっていると感じています。自然の摂理では、条件に合わないものは淘汰されます。例えば、リンゴが今はここで採れていても、未来にはもっと北の地域でしか育たなくなるかもしれません。飲める水がなくなれば、生命は存続できません。すべてはバランスによって成り立っています。福岡先生の「動的平衡」の説は、その本質を突いていると思います。

私が万博に期待しているのは、海外の来場者には「さすが日本だ」と感じていただき、そうした感覚を自国に持ち帰ってもらうこと、そして日本の皆さんには、海外の人たちとの交流を図ることで、日本の現状を知ること、特に「遅れ」を自覚する機会になればいいと思っています。日本は語学教育においては遅れていると思いますので、まずは、海外の人々と適切にコミュニケーションを取れるようにする必要があります。グローバルな視点で眺めれば、日本の立ち位置が見えてきます。そういう意味でも、万博は世界を知る良い機会になります。

アカデミズムの場でもそうです。私たちの時代は、日本で博士号を取得したあとに、さらに研究に従事する立場の研究者、いわゆるポスドク（博士研究員）として海外で修業し、時にはボロ雑巾のように働きながらも、自分の道を切り開くのが普通でした。しかし、今では日本国内でもポスドクができるようになり、「海外に行くと就職のルートが閉ざされる、その糸が切れてしまう」といった理由で、海外に出る人が少なくなっています。私も日本が非常に内向きになっていると強く感じます。私自身、日本語で主に著作を書いていますが、「動的平衡」の概念をもっと世界に伝えたいと考え、著作をすべて英訳し、海外展開のためのプロジェクトを進めています。やはり、日本ももっと外に目を向けていかなければならないと思います。

福岡

対談

生き続ける経営

×

辰野 勇

(株)モンベル　代表

辰野 勇　Isamu Tatsuno

1947年生まれ。少年時代にハインリッヒ・ハラーのアイガー北壁登攀記『白い蜘蛛』に感銘を受けて以来、登山に目覚める。69年にアイガー北壁に挑み、当時の世界最年少(21歳)での登頂に成功。70年日本初クライミングスクール開校。75年、登山用品店、繊維商社勤務を経て、28歳の若さでアウトドア用品メーカーモンベルを設立。野外教育や被災地支援、地方創生などの分野でも精力的な活動を続けている。

「分かる」ことは「変わる」こと

福岡　辰野さんの原点は、高校の国語の教科書に載っていた、ハインリッヒ・ハラーのアイガー北壁登攀記『白い蜘蛛』と伺いました。以来、山一筋の青春を過ごし、1969年にアイガー北壁とマッターホルン北壁の登攀に成功され、その50年後、71歳で再びマッターホルン登頂を果たし、自分の原点を再確認されたという。何歳になっても自分の原点に立ち戻り、瑞々しい感覚を忘れない姿に大変感銘を受けました。

山登りを通じて、「いのち」とどう向き合ってきましたか。

辰野　山登りでは、何度も死と隣り合わせの状況に遭遇しました。実際仲間を腕の中で看取ったこともありますし、雪崩で埋もれた仲間を掘り出して弔ったこともありました。死を意識すると、その対極にある「生」を意識せざるを得なくなります。「生きてるってどういうことだろう」と思うわけです。日常生活では、朝目覚めることや、明日がくることを、当然のように思い込んでいますが、実はそうではないのです。

考えてみると、生きるとは「変化し続けること」に他ならないと思います。昨日と違う自分、瞬間ごとに変化している状況こそが、生きている証だと、自分なりに解釈しています。ですから「動的平衡」という考え方を聞いて「そのとおりだ」と思ったのです。

中学生の頃、高野山の宿坊でお坊さんの説教を聞いたことがありました。その中で「あなた方は今日、家に帰って、お父さん、お母さんに会いますが、あなた方の思っているお父さん、お母さんとは全く違う。変わっているんですよ」と言われたのです。この話がずっと私の中に残っていました。「動的平衡」を知り、あのときの説教は、こういうことなのだと知らされたわけです。長い人生を振り返ると、原点や日々の出来事は断片的なものではなく、すべてがつながりあっていると感じます。

福岡　「私」であることは変わらないのに、爪が伸びたり、髪の毛が生え変わったりするように、人間のあらゆる細胞は常に入れ替わっていて、昨日と今日でも変化しています。動的平衡とは、常に変わり続けながらもひとつのバランスを保ち、一本の糸で生命が紡がれていくという考えです。それは人間のいのちだけでなく、地球全体の38億年の生命の歴史にも当てはまります。次の日の父と母も、自分自身も変わっている。これが生きるということだと思います。

「分かる」ということも、単に知識を得たり問題を解いたりすることではなく、自分自身が変わり、物事の見え方が「変わる」ことです。これもまた動的平衡の一環だと思います。

会社も生命も「生き延びる」ために

福岡　モンベルさんは、無借金経営を貫き、大企業へと成長しました。経営についてはどのようにお考えですか?

辰野　よく「挑戦する企業」という言葉を聞きますが、「挑戦」という言葉は、競争や勝ち負けを想起させます。そういう意味では、私は挑戦はしません。私たちはこれまで、誰かに勝とうと思ってやってきたわけではなく、ただ死ぬわけにはいかない、生き続けるために必要なことをやってきたという感覚です。敵を蹴落として事業をしてきたわけではなく、自分たちができることをコツコツと続けてきた結果が、今に至っていると思います。

経営というのは、まさに生きることに近いものです。私は山登りが好きで登山用品を作る事業を始めましたが、もし登山用品の需要がなくなったとしても、会社を閉じる道は選びません。蒸気機関車を例にすれば、燃料となる石炭が尽きたとしても、それに代わるものを探して、路傍の枯れ木を集めてでも、機関車を動かし続ける責任があると思っています。

例えば、冬山でビバーク(露営)して、座ったまま夜を明かすとします。マイナス何十度の世界で、肩や背中に雪が降り積もっていき、その雪を払い続ける人間は生き残りますが、それをやめた瞬間にいのちを落とします。それほど厳しい世界を見てきたからこそ、「やるべきことをやり続ける」という意識が強く根付いているのだと考えています。

過去を振り返って後悔する余裕はなく、目の前の問題をどう解決するか、その繰り返しが結果として生き残る道につながるのだと思います。今の状況をどう乗り越えるか、それだけを考えて進んできた50年だったと思っています。

福岡　生命現象も、絶えず「生き延びる」ことを目的としています。そして命をつないでいくことが、生命進化の本質です。進化の歴史は、弱肉強食や優勝劣敗の闘争の歴史と捉えられがちですが、生命現象をずっと虚心坦懐に見ると、実際はそこまで戦い続けているわけではありません。確かに、縄張り争いやメスを巡るオスの争いなどはあります。しかし、オス同士がメスを巡って争っても、相手を追い散らしたらそれで終わりです。追っかけて殲滅まではしないわけです。そう考えると、生命進化とは勝ち負けではなく、「生き残る」ことに集中していると言えます。38億年も存続している生命体という、地球上でもっとも成功した組織を参考にして、それにかなった経営のあり方を追求すれば、会社も長く存続できるはずです。

山に登ると、次の山が見える

福岡　道に迷ったとき、雪が激しく降っているときなど、ここにとどまるべきか、山を下りるべきかといった究極の判断を迫られることもありますよね。

辰野　私を含め、登山家は怖がりです。その分、とても慎重です。怖いなら登らなければいいじゃないか、と言われるかもしれませんが、そうではないのです。まだ見ぬ景色を見極めたいという好奇心、つまりセンス・オブ・ワンダーが、恐怖心に勝るのです。

その一方で、怖がりだからこそ準備を怠りません。晴天の日でも必ず雨具をリュックに入れ、日帰りの登山でもヘッドランプを持っていきます。何が起こるか分からないので、常に備えが必要です。

福岡　「なぜ人は山に登るのか」の凡庸な答えが、イギリスの登山家ジョージ・マロリーの「そこに山があるから」でしょう。私は今西錦司先生の「山の頂上に立つと、そこからしか見えない景色があり、次の山が見える」という言葉が好きです。辰野さんと同じく、ある頂点に立たなければ見えない風景があり、その風景を求めて次々と山に挑む。それが山登りの本質ですね。

辰野　本当にそうです。私がアイガー北壁に登ったとき、山頂からマッターホルンが見えて「次はあそこだな」と思った、あの感覚ですね。これは会社経営にも通じます。尽きることのない好奇心が、冒険や経営を続ける原動力になります。金銭的な目的ではなく、世の中に新しい価値を生み出したいという気持ちが根底にあるのです。

福岡　普段の生活では、自分自身が生きているという実感を忘れがちです。生きること、それ自体が自然の営みであるということを意識しにくいのです。いのちとは、38億年続く動的平衡の流れの一瞬の淀みとして存在し、最終的にはその流れに戻っていきます。それが一般的に「死」と呼ばれるものですが、死は決して虚しいものでも悲しいものでもありません。自分の生命が他の生命に引き継がれるという利他的な行為です。「いのち動的平衡館」では、それを風景として示したいと考えています。生命の起源から現在までの流れを見たあと、大阪の空を見上げて「死ぬこともそんなに悪くないな」と、皆さんに感じていただければと思います。

おわりに

君はいのち動的平衡館を見たか

本書を執筆するにあたって、過去の資料を整理していたら、こんなメモを見つけた。私が抱いているコンセプトをパビリオンの建築・展示に反映するため、建築家やデザイナーなど、関係チームのメンバー全員に向けて発出したアイデアである。日付は、２０２２年の暮なので、万博開催を2年4ヶ月後に控えた頃、ちょうど「いのち動的平衡館」の体制が整ったときのことである。設計や建設を考えると、約2年前というのはもう待ったなしの時期だった。

２０２２年12月16日
プロデューサー・福岡伸一からの要望書
（おおよそ次のようなドラマを展開したい）

・床面、空間（立体ＬＥＤ）、天井が、シームレスでつながるような視覚・聴覚体験を実現したい。

［生命絵巻1　利他の進化史］
来場者は、自分が細かく粒子化されることを体験する。その粒子群があたかも鳥の群れのようになっ

て床、空間、天井をぐるぐる舞う姿を追う＝ダイナミックで、すばやく、ドラマチックな体験。

自分の身体は大きな環境循環の一部だということを知る。

各人から流れ出て群舞していた粒子群はやがて合一され、ひとつの球体となる（＝始原の細胞）。

これは天井に投射される。あるいは天井、空間、床面を回りながら変化していく（ずっと見上げるのは首が疲れる?-）。

細胞は、最初は原核細胞だったものが、互いに共生し、真核細胞となる（第一の利他的進化のジャンプ）。

次に、バラバラの単細胞だったものが、集合し多細胞化する（第二の利他的進化のジャンプ）。

オスとメスが生まれる（有性生殖　第三の利他的進化のジャンプ）。

［生命絵巻２　進化史の追体験］
オスとメスから粒子が流れ出て、無数の精子と卵子を構成、その中のひとつが結び合って受精卵となる。
細胞分裂が進行し、着床、細胞分化が開始される。初期胚（エンブリオ）＝福岡パビリオンの形。
多細胞生物は、クラゲ、魚、両生類、爬虫類、恐竜、鳥、そして哺乳動物へと進化する。

［生命絵巻３　動的平衡モデル］
生命は有限であるからこそ輝き、無限の連鎖につらなる。死の意味を肯定的に捉えたい。

生命の多様性を見せていた粒子群は合一し、やがて動的平衡のリングとなる（ベルクソンの弧のモデル）。リングは分解と合成を繰り返しながらゆっくりと坂をのぼっていく。が、少しずつ短くなっていく。それが消えたとき、夢洲、大阪、日本の夜景の光の点となって散らばり宇宙へ広がっていく。

このとき私がここに書きつけたアイデアが、すべてそのまま実現できたわけではないが、こうしてあらためて眺めてみると、ほとんどのエッセンスは、「エンブリオ」と名づけたパビリオンと、「クラスラ」と名づけた立体ＬＥＤシアターと、プロジェクションマッピングのドラマとして可視化できたことになる。

２０２５年3月、完成したパビリオンと内部展示の最終確認をした私は、不思議な浮遊感と高揚感に包まれた。私の頭の中にだけあった小さなアイデアは、今、このように大きな具体物として目の前にある。これは私だけの力では到底達成できなかったことである。ＬＥＤの光の一粒から、ワイヤーを留めるネジの一本まで、ありとあらゆる細部に宿る、数え切れない人たちの献身的な、――それこそ利他的な――、協働と共生、協賛と協力によって初めて成り立ったことである。ここにあらためて感謝の言葉を捧げたい。

２０２５年大阪・関西万博の意義がどこにあるのかと問われれば、私はまごうことなく、この利他的な協力によって作り出された生命哲学のメッセージを、これからもたゆまず発信し続けていくことだと言いたい。これこそが大阪・関西万博のレガシーとなる。

君は、いのち動的平衡館を見たか。そう問われたら、実際に見てくださった方はぜひ「見たぞ！」と答えてほしい。これから行こうと思われる方は「見るぞ！」と応じてほしい。惜しくも見そこなった方がいても安心してほしい。本書を読めばメッセージは十分伝わるはずである。「受け止めた！」と言っていただきたい。私は、自らの動的平衡の最後の一粒が散らばるまで、この理念を深め、語り続けるつもりである。

参考文献

松井一郎『政治家の喧嘩力』ＰＨＰ研究所、２０２３年
小林達雄『縄文の思考』筑摩書房、２００８年
比嘉康雄『日本人の魂の原郷　沖縄久高島』集英社、２０００年
岡本太郎『沖縄文化論　忘れられた日本』中央公論新社、１９９６年

福岡伸一（ふくおか しんいち）
生物学者・作家。1959年東京生まれ。京都大学卒および同大学院博士課程修了。ハーバード大学研修員、京都大学助教授などを経て、現在、青山学院大学教授・米国ロックフェラー大学客員教授。サントリー学芸賞を受賞した『生物と無生物のあいだ』（講談社現代新書）や、『動的平衡』（木楽舎）シリーズなど、“生命とは何か”を動的平衡論から問い直した著書多数。

写真撮影　西川公朗（カバー、p2-5、p12-13、p61中央、p133-135、p143、p144右、p156-157、p164、p168-169）
越海辰夫（p160、p171、p179、p189、p195、p201、p207、p213）
写真提供　2025年日本国際博覧会協会（カバー、p2-5、p12-13、p61中央、p133、p143、p144右、p156-157、p164、p168-169）
装丁　佐藤直樹＋菊地昌隆（Asyl）
編集　藤川恵理奈
編集協力　越海辰夫
協力　2025年日本国際博覧会協会

君はいのち動的平衡館を見たか　利他の生命哲学

2025年4月13日　初版第1刷発行

著者　福岡伸一
発行者　小川洋一郎
発行所　株式会社朝日出版社
〒101-0065 東京都千代田区西神田3-3-5
電話03-3263-3321（代表）

印刷・製本　TOPPANクロレ株式会社
©Shin-Ichi Fukuoka 2025
Printed in Japan
ISBN　978-4-255-01390-9 C0095
乱丁、落丁本はお取り替えいたします。無断で複写複製することは著作権の侵害になります。